中华劝孝歌

编著　倪烈水

中国财政经济出版社

图书在版编目（CIP）数据

中华劝孝歌／倪烈水编著．—北京：中国财政经济出版社，2010.1
（当代道德教育系列读本）
ISBN 978－7－5095－1930－1

Ⅰ．中… Ⅱ．倪 Ⅲ．品德教育－中国－通俗读物
Ⅳ．D648－49

中国版本图书馆 CIP 数据核字（2009）第 233610 号

责任编辑：张　铮　　责任校对：蓝　天
封面设计：全　哲　　版式设计：伟　大

中国财政经济出版社出版

URL：http://www.cfeph.cn
E－mail：cfeph@cfeph.cn
（版权所有　翻印必究）
社址：北京市海淀区阜成路甲 28 号　邮政编码：100142
发行处电话：88190406　财经书店电话：64033436
北京富生印刷厂印刷　各地新华书店经销
787×1092 毫米　16 开　11.5 印张　230 000 字
2010 年 1 月第 1 版　2010 年 1 月北京第 1 次印刷
定价：35.00 元
ISBN 978－7－5095－1930－1／B·0003
（图书出现印装问题，本社负责调换）

《中华劝孝歌》编委会

顾　问：（按姓氏笔画排列）
　　　　王宋大　　卢瑞华　　朱　良　　庄根南
　　　　李友烈　　杨遵仪　　陈永看　　陈燕发
　　　　赵利生　　林兴胜　　林　若　　饶宗颐
　　　　黄国祥　　黄赞发　　谢学源

主　任：贾　杰

副主任：谢国材　　刘先锋　　徐光华　　黄惠生

总策划：于常印　　倪壁雄

总　编：张冬梅

编　委：（按姓氏笔画排列）
　　　　于常印　　卢秋光　　李永杰　　许佩奎
　　　　陈龙权　　陈汉庭　　陈　刚　　杨经纬
　　　　郭方宁　　倪壁雄　　夏学义　　高晓秋
　　　　黄恳儒　　蔡群力　　潘跃洪

评价与赞誉

弘扬传统文化，建设和谐社会。

——中国社会科学院资深院士杨遵仪

孝当竭力。

——著名国学大师饶宗颐

孝满人间，爱心永恒。

——雅典奥运会跳水冠军杨景辉先生

谁言寸草心，报得三春晖。

——2011年世界大学生运动会形象大使戴菲菲小姐

愿天下人皆行孝道。

——中央电视台主持人阿丘

海滨邹鲁，孝义承传。

——北京潮人海外联谊会长蔡延松先生

尊师重道，孝亲敬老。

——原中共中央对外联络部部长朱良先生

弘扬孝道美德，促进社会和谐。

——全国人大华侨委员会副主任王宋大

孝亲敬老，饮水思源。

——港澳台侨委会副主任张伟超先生

弘扬孝义文化，促进社会和谐。

——原广东省政协副主席林兴胜先生

万事和为贵，百善孝当先。

——深圳市潮人海外经济促进会永远名誉会长黄国祥先生

弘扬华夏文化，传承孝道伦理。

——原广东省军区副司令员庄根南先生

孝行天下人间美。

——原深圳市委常委、市人大副主任李友烈先生

弘扬潮汕文化。

——中国国家画院院长龙瑞先生

弘扬潮汕文化,促进社会发展。

——澳大利亚澳华交流中心林晋文先生

序言一
百善孝先　修持在行

汕头大学原党委书记　黄赞发

自从孔子创建儒家学说以来，"孝"就一直被视为伦理道德最重要的行为规范之一而备受推崇。一部《孝经》就把"孝"字演绎得至高无上，所谓"夫孝，天之经也，地之义也，民之行也。"《晋书·孝友传》更有谓孝"用之于国，动天地而降休征；行之于家，感鬼神而昭景福。"为此，孝也被历代最高统治者作为政治行为准则，或"求忠臣于孝门"，或标榜"以孝治天下"。当然，孝也为民间百姓所广为认同，因而有"百善孝为先"、"人之行莫大于孝"等谚语流传民间，深入人心；孝的诸多内涵也成为千家万户的道德行为准则。

不可否认，孝是中华民族传统美德最精华的部分之一。剔除其中某些封建糟粕，无疑，孝是千百年来和谐家庭、和谐社会的重要根基。

然而到了近现代，"五四"新文化运动，传统孝文化被视为封建礼教的一部分受到冲击，其根基也就开始动摇。特别是"文革"十年，传统文化更是被一棒打死。近年来，由于市场经济和西方文化的影响，传统文化受到更为严重的考验。由于人们生活水平的提高，年轻一代根本体会不到父母的艰辛，有的甚至心灵麻木，对孝文化嗤之以鼻，可以说是"数典忘祖"。特别是独子家庭，孝教育更显严重不足。可以说，孝文化已趋边缘化，而且日益严重。这也是导致社会上出现了许多社会关系失调、家庭伦理紊乱的因由。因此，倡导孝文化，对和谐家庭及和谐社会的建设有着十分重要的意义。

孝文化建设，迫切需要有关孝德思想的书籍。旅居深圳的潮人倪烈水先生，殚数年之功，编著《劝孝歌》（再版改名为《中华劝孝歌》），正是基于这一社会需要。《劝孝歌》以潮汕方言歌谣的形式，通俗易懂，朗朗上口，颇具潮汕特色。可以设想，该书出版之后，必然会被广大读者欢迎，也成为喜欢而希望建立孝德传统的家庭的启蒙读物。

翻开倪先生的稿本，我们可以看到，《二十四孝歌》以元代郭居敬所著的《二十四孝》为蓝本，将二十四孝与二十四节气联系起来，以诗歌的形式，民歌的语言，平实易懂，颇见匠心。《十月怀胎歌》则结合医学常识，描述婴儿从十月怀胎到出世期间母亲所经历的艰辛，形象地描述并讴歌了母爱的伟大。《养儿歌》极尽人之出世以及成长过程，父母所付出的心血，劝诫子女不忘父母之恩。《老来难》着重描述社会上存在的一些不良现象，劝说人子、人女、人妇应尽孝道。后三篇歌谣既独立成篇，而又可以联串起来，生动地把一个人由妊娠到出世、成长、成家、立业整个过程。《报恩歌》紧跟其后，阐述了为人子女者应当如何尽孝。《劝孝歌》每句皆有一个"孝"字，统领全篇，是整编《劝孝歌》的一个总结。

其实，在民间，就一直存在各式各样的劝孝民谣，而且所有这些劝诫，一直有其广泛的民意基础。儿时，村中长辈就常给我讲孝子的故事，偶尔也有一些歌谣。可惜时代太久了，现在已经不能背诵于一二，颇觉遗憾。我相信，也有不少人跟我有着同样的遗憾。不过，倪先生的这部著作，则可以极大地弥补我们的这种遗憾。从创作的角度来看，倪先生的作品，借鉴了历代留传于民间的不少成功的歌谣作品，从而成功地编写出新时代的劝孝歌谣，有其独特之处。我想，如果这种歌谣能够渐渐成为家庭启蒙教育的素材，让其在家庭中家长与子女口口相授，代代相传，则必能促进整个社会的和谐发展。

尤值得称道的是，深圳潮人海外经济促进会庄根南会长组织一批潮籍企业家成立专门机构，支持潮汕文化事业，倪烈水先生的这本劝孝歌谣集被其列为第一本出版对象。我闻之欣然，故乐为之序。

序言二
让中华孝文化发扬光大

深圳市潮汕企业家联合会会长、深圳市潮汕文化研究会会长　陈永洽

总有两个人，始终默默地支持着我们；总有一种爱，随伴着我们大半生。这两个人就是我们的父母，这种爱就是父母对子女无微不至的关怀。我们经常感悟于"春蚕到死丝方尽"的无私和"蜡烛成灰泪始干"的奉献精神，但人世间没有一种无私的奉献能与父母对子女的关爱相提并论。即使再冷酷无情的人也能体验到父母之关爱给予他们心灵的无比慰藉与事业的最大帮助。

父母对子女的关爱是一种天性，动物也好，人类也罢，唯有父母对子女的关爱是至高无上的。为了子女，父母什么苦都愿意吃，什么罪都愿意受。每当生死关头，父母总是义无反顾地舍弃自我，把生的希望留给了后代。人在最初牙牙学语时所能发出最甜美的字眼就是"爸爸和妈妈"；人一出生所能体验到的第一份情感就是父母的关爱。父母的关爱像一盏明灯，一旦点燃了就永远不会熄灭，照亮了一个又一个孩子们通往成功和幸福的道路。漫漫人生旅程，正因为有父母用心教诲我们去远离假、恶、丑，培养真、善、美，关爱家庭，关爱社会。正因为有父母的爱这种无坚不摧的力量，激励着我们摒弃怯懦，战胜困难，获得成功。可是，当我们长大成人之后却往往忽视了这种爱，父亲的严肃和母亲的唠叨常常使我们产生逆反和厌烦。其实，每一位父母对儿女们的要求并不多，只希望儿女们不会把他们忘记。

总有一天，他们也就是创造你生命的、养育你成人的、为了你幸福而终身做出无私奉献的父母去世了，那时你才突然想起了所有还未来得及的回报，你的心就像被针刺了一样痛。孝敬父母是我们中华民族的优良传统和崇高美德。几千年来，即便是在战乱年代或灾荒岁月，不少孝子、孝妇、孝孙都能尽心尽力地忍饥挨饿，节衣缩食地孝敬双亲、公婆，深受世人赞颂。难道我们有幸生活在今天这个改革开放的物阜民丰的太平盛世，却没有条件和理由去报答亲恩，孝敬父母吗？

然而，随着社会的进步，物质的丰富，好像有些人的心却慢慢地变"硬"了，变冷漠了。尽管脸颊越来越肥厚，心胸却越来越狭窄；交际应酬越来越多，亲情的抚慰却越来越少；自管享乐的越来越多，对父母心存感激的却越来越少。

在构建平安社会、和谐社会、富裕社会的今天，人们应该恢复渐渐迷失的本性，要学会关爱他人，报答亲恩，孝敬父母。

其实，孝敬父母不仅是一种爱，而且是一种天职。他让我们感到自我价值的丰富，人性光芒的闪烁，人生经历的厚重。我们生活得健康幸福或许是父母对我们的最大期望，他们或许没有想过要我们报恩。现在就让我们以自己和父母都能接受的方式和方法，去做人生中最重要的事情——孝敬父母！让我们共同创造一个和谐温馨的家庭和社会！

今天，深圳市潮汕文化研究会荣誉顾问倪烈水先生为弘扬中华民族优秀的传统文化，让沉淀的文化宝藏焕发出更强的光芒，更好地服务于精神文明建设。经过一年多的辛勤耕耘，《中华劝孝歌》成书出版，可喜可贺，乐之为序！

慈孝：中华儿女的必修课

——读倪烈水文集《中华劝孝歌》

于常印

慈孝文化是中华民族独具特色的文化，是人们最高的行为准则，是古老中华文化花园中的一朵奇葩，体现了中华儿女尊老、养老、助老的传统美德，也是中华民族精神文明的核心与精髓。

"孝"有着久远的历史渊源。据考古学家考证，有关"孝"字，最初见于殷卜辞，而孝文化兴盛于西周。可以说，孝文化是伴随着中华文明一起孕育与发展起来的，历朝历代都得到继承与弘扬。

遗憾的是，改革开放后，随着中国经济超常规发展，人民生活水平大幅提高，再加上近年来中国传统文化受到西方文化的强烈冲击与互联网的崛起，孝文化被青少年渐渐疏远淡忘，甚至被边缘化了，使当今社会出现了较为严重的道德危机，因此，所有华夏儿女，特别是广大青少年，急需补上慈孝这一重要的不可或缺的一课，而《中华劝孝歌》的出版，就显得特别及时与重要了。

"二十四孝故事"的始作者是元朝福建的郭居敬，他筛选了自虞舜以来的二十四位孝子的感人故事，并为每个故事配上诗，用作儿童的启蒙读物，已在我国流行了数百年。在"二十四孝故事"中，虽然"郭巨为母埋儿"、"陆绩怀橘遗亲"等篇章有着许多历史糟粕，现代人不宜提倡，但二十四孝歌的核心内容,能全面深刻体现中华孝文化的精髓与真谛,仍值得现代人学习与效仿。本书编者倪烈水对二十四孝故事进行了大胆创新,以二十四节气为顺序,以民间歌谣的形式写成了新的二十四孝歌并重新配画,图文并茂,读来朗朗上口,又便于记忆,这也是编者对中国孝文化的一大贡献。

在第二篇"动物孝行"中,可以说是篇篇精彩。《舍命救崽的母猫》、《负子飞渡》、《蛇鸟大战》,描绘出了在动物世界中母猫、燕子与鸟儿为救子舍己献身的悲壮场面,读后震人心魄,感叹不已!例如:在《负子飞渡》中,雏燕为躲避严寒,又因其耐力无法飞越整个大洋,作为父母的紫燕驮着雏燕向南方迁徙。可大多数紫燕飞到大洋中途就耗尽自己的所有气力而坠向大海。在紫燕坠落时,雏燕腾空而起继续飞完下一半路程。一只只紫燕在消耗掉自己最后一点气力后,纷纷歪歪斜斜地坠进大海,那场面应是生命历程中最为悲壮的一幕,而大海的反应只是溅起一簇簇浪花而已。

在第三篇"歌谣"中,书写了母亲从怀胎、孕育、出生,到养育儿女成人的全过程,道出了母亲的艰辛与所承受的巨大痛苦,以及救子舍已的崇高精神,也抨击了不孝之子的可憎与无耻。其《劝孝歌》是本卷中的一大亮点,也是当代歌谣中的精品与上乘之作。歌谣中写道:"父母即天地/功恩难报还/为人须尽孝/亲恩不可忘/为你献忠告/听我说实言/亲恩说不尽/略举粗与浅/身体亲生育/知识亲教养/家业亲创建/幸福苦中来/富贵与贫贱/都要学孝贤/若不孝父母/何以分人虫/慈松固枝叶/孝竹知暑寒……莫以不孝口/枉食人间粮/莫以不孝体/枉着人间裳/天地虽广阔/难容忤逆人。"

父母的爱是天地间最伟大的爱,自我们呱呱坠地来到这个世界,父母就开始爱着我们,直到永远。古今中外多少篇章在讴歌与赞颂父母,再美的语言都难把父母之爱说透写尽。本书卷四"天下父母篇"中《断指救儿》、《雪地上的血路》,描写的是母亲舍已救子的故事,文章虽然不长,却把母亲为子献身的精神写得淋漓尽致,读后让人荡气回肠,人们从中可感知惟有母亲才是世界上最无私、最圣洁、最值得敬仰的人。《孽子丘孝》在为溺爱孩子的母亲敲响了警钟，文中揭示过份地溺爱孩子，害已害子，其害无穷。

　　自古圣贤多孝子。这一名言从本书中得到佐证。本书精选了岳飞、许国佐与一代伟人毛泽东、许世友等慈孝故事，虽然他们的英雄事迹早已被人们所熟知，但其孝母的故事却鲜为人知，值得一读。故事既体现了他们为国献身的大爱，也写出了他们为国为民工作，却无法到父母身边尽孝的无奈与遗憾。

　　"第六篇古代孝女"中的故事，大多都写得感人至深，催人泪下。此篇中《荀灌娘退敌救父》、《小李寄义勇斩蛇》、《缇萦女上书救父》最有代表性。这三篇故事展现了少女们超凡的智慧与过人的胆量。文中的主人公，不仅被当时的人们所赞颂，而且还成为千百年来女子学习的楷模，激励无数华夏女子为国为民捐躯。例如《小李寄义勇斩蛇》一文中，14岁的女孩李寄因其"为民除害之心已决，便偷偷离家外出，求得一把锋利的宝剑和一条凶猛的猎犬。到了8月祭蛇之时，李寄先将数石米麦用蜜糖拌好，置于洞口。不久，大蛇闻到香味便出来吃。但见蛇头大如笆斗，眼似铜铃，十分吓人。李寄毫无惧色，先放猎犬与蛇搏斗，自己则从一旁挥剑猛砍，终于杀死了大蛇。而后，李寄进入蛇穴，见到面前9个童女的骷髅残骸，便痛心地说：'你们怯弱，为蛇所食，实在可怜。'然后胜利回家。很快，李寄斩蛇的义勇之事轰动全县，满城官民大为赞颂。"那么小的女孩，竟有那么大的胆量，超凡的智慧，成功化解了让整个县城人都无计可施、都被吓倒的事情，能不让人钦佩吗？

　　宁波江北区是中国慈孝文化之乡，被誉为中国慈城。本书编者倪烈水在荣获"当代中华最感人的十大慈孝人物·中华慈孝特别奖"后，前往宁波领奖时，深深地被慈城孝子孝女故事所感动，而为此书赶写了四则故事。其中《苦啼鸟》、《千里寻父》，既展现了儿女不惜一切代价的孝行孝心，也展现了慈城源远流长的慈孝文化，读后震撼人心，更让人感受到父母的艰辛与孝可感天动地的力量。

　　孝作为中国古老文化的核心与精华，维系着以家庭为细胞的中国社会的进步与发展，也使中华民族生生不息、日益强大。在市场经济迅猛发展与人们追求物质的今天，弘扬慈孝这种传统美德就显得尤为迫切与珍贵了。正如北京师范大学于丹教授所言："从慈孝出发，做到整个社会的慈心善解，这是一个功德，我们现在正站在这样一个起点上。"有了这一起点，我们的社会很快就会实现"慈泽万家，孝行天下"；我们的国家就会变得更加和谐、温馨与美好！

目 录

第一篇 二十四孝歌

1　虞舜孝感动天 …………………………………………………3
2　董永卖身葬父 …………………………………………………4
3　王裒闻雷泣墓 …………………………………………………5
4　老莱戏彩娱亲 …………………………………………………6
5　江革行佣供母 …………………………………………………7
6　蔡顺拾椹敬娘 …………………………………………………8
7　吴猛恣蚊饱血 …………………………………………………9
8　杨香扼虎救亲 …………………………………………………10
9　仲由为亲负米 …………………………………………………11
10　郭巨为母埋儿 …………………………………………………12
11　曾母咬指心痛 …………………………………………………13
12　郯子鹿乳奉亲 …………………………………………………14
13　刘恒亲尝汤药 …………………………………………………15
14　黄香扇枕温衾 …………………………………………………16
15　涌泉跃鲤奉亲 …………………………………………………17

16 丁兰刻木事亲……………………………18
17 寿昌弃官寻母……………………………19
18 庭坚涤秽事亲……………………………20
19 黔娄尝粪忧心……………………………21
20 乳姑奉亲不怠……………………………22
21 闵损单衣顺母……………………………23
22 陆绩怀橘遗亲……………………………24
23 孟宗哭竹生笋……………………………25
24 王祥卧冰求鲤……………………………26

第二篇　动物孝行

孝牛泉………………………………………29
驴子孝………………………………………30
舍命救崽的母猫……………………………32
负子飞渡……………………………………33
蛇鸟大战……………………………………35
乌鸦与枭鸟…………………………………38
乌助成坟……………………………………40

第三篇　歌谣

十月怀胎歌…………………………………43
养儿歌………………………………………46
劝孝歌………………………………………49
老来难………………………………………52
报恩歌………………………………………56

第四篇　天下父母心

断指救儿……………………………………61
善待父母……………………………………62

雪地上的血路·················64
十七年的卖血之路···············65
留下路标···················70
孽子丘孝···················72
哑巴父亲···················79

第五篇　　古今孝贤

孙思邈学医为治双亲病·············85
岳鹏举精忠尽孝················87
林大钦····················91
忠国孝母许班王················94
毛泽东深情祭母················98
忠孝将军许世友···············100
鲁迅终生孝母················102
朱德·····················104
陈毅·····················107

第六篇　　古代孝女

荀灌娘退敌救父···············111
小李寄义勇斩蛇···············113
沈云英忠孝双全···············115
孝妇奇冤三载旱···············116
赵孝妇鬻儿买棺···············118
缇萦女上书救父···············119
岳银瓶投井殉父···············121
花木兰代父从军···············123
赵五娘····················125
曹娥沉瓜寻父尸···············127
卢氏·····················129
刘兰姐劝姑孝祖···············130

第七篇　慈城孝贤

苦啼鸟··133
千里寻父··136
贤母教子··139
宁波中秋过十六······································142

第八篇　孝和爱的格言

孝和爱的格言··147

第九篇　谈孝道

浅析孝道··155

跋···161
后记··163

第一篇　二十四孝歌

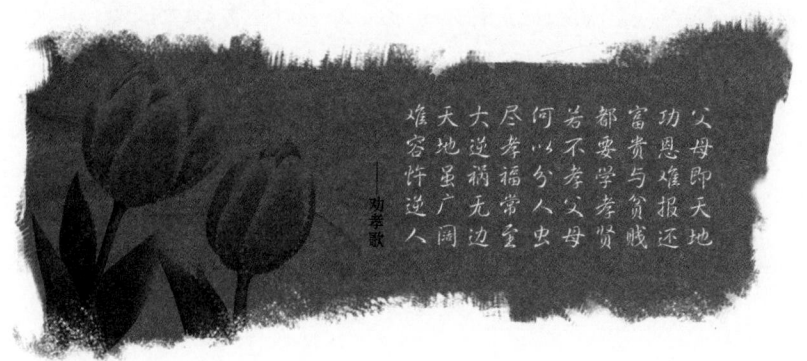

父母即天地
功恩难报还
富贵与贫贱
都要学孝贤
若不孝父母
何以分人虫
尽孝福常重
大逆祸无边
天地虽广同
难容忤逆人

——劝孝歌

二十四孝故事，在我国流传久远，影响颇深。里面的故事，虽多为民间传说，个别事例，亦不为今人提倡效仿，但崇孝是其精髓，大多能感动天地，唤醒人类孝心与良知，故为历代主流价值观所认同，至今相传不衰。其写法以民间歌谣的形式，以二十四节气开头，读来朗朗上口，便于传颂。

1　虞舜孝感动天

立春前后是新年，
虞舜耕耘历山边。
父母刁顽弟奸恶，
逆来顺受任凌欺。
大象代耕鸟帮播，
孝亲爱弟苦操持。
唐尧敬伊大孝义，
即把江山传给伊。

【注释】

　　虞舜，姓姚，名重华，号有虞氏，炎黄联盟后继领袖。性至孝。父顽，母刁，弟象奸恶。舜常遭继母陷害，非但不忌反而孝亲更甚，其孝感动天帝。舜耕于历山，天使大象代舜耕耘，鸟帮舜播种。尧帝闻舜贤孝，遂将帝位让与舜，并将二女娥皇、女英配与舜。传说舜帝在位八十年，咨询四方，选贤任能，政通人和，名垂千秋。

　　诗曰：队队春耕象，纷纷耘草禽。嗣尧登宝座，孝感动天心。

2 董永卖身葬父

立春过后雨水来，
家贫父死难收埋。
董永卖身来葬父，
感动仙姬下天台。
一月织绢三百匹，
助董赎身把债还。
槐荫做媒结连理，
王都赐予麒麟孩。

【注释】

　　董永，后汉时湖北人。少年丧母，奉父至孝，父亡无钱，永卖身贷钱葬父。偿工途至槐荫，遇一女，求为永妻。二人俱至主家，债主让织绢三百匹以赎身。女于一月完成。夫妻归至槐荫会所，女告董曰："我乃天帝七女，奉命助君还债，请勿留恋。"言毕辞永而去。及后仙姬产儿送永。此儿得中状元。槐荫这个地方，也就改名为"孝感"。

　　诗曰：卖身葬严亲，仙姬陌上逢。织绢偿债主，孝感动苍穹。

3　王裒闻雷泣墓

惊蛰闻雷心胆惊，
王裒知母怕雷声。
忙到山中母坟去，
跪拜哭慰母勿惊。
雷雨不停儿不走，
伴母壮胆在坟垭。
只为尽孝守母墓，
宁愿教书不做官。

【注释】

　　王裒，晋朝营陵人。博学多才，事亲至孝。父仪为司马昭所杀。裒隐居教书，誓不为晋臣。母在世之时，习性怕雷，最后殡葬于山林。每逢雷雨之时，裒即奔至母墓，拜跪泣而告曰："儿裒在此，母亲勿惧。"以示安慰母亲。

　　诗曰：慈母怕闻雷，冰魂宿夜台。阿香时一震，到墓绕千回。

4　老莱戏彩娱亲

惊蛰过后春分时，
莱子七十穿彩衣。
为博双亲心欢乐，
跳舞做戏扮娇痴。
三餐茶饭勤奉侍，
百般孝顺费心机。
楚王赏识大孝子，
赐伊做官乐晚年。

【注释】

　　周朝老莱子，行年七十，奉侍双亲，极为孝顺。常着五色彩衣，学小儿嘻嘻取悦双亲。又常取水上堂，佯跌卧地，作婴儿啼。千方百计让父母开心。楚王闻其贤孝，聘之为官。

　　诗曰：戏舞学娇痴，春风动彩衣。双亲开口笑，春色满门闾。

5　江革行佣供母

清明时节兵祸连，
江革背母忙逃难。
路遇贼兵欲劫杀，
磕头求饶血斑斑。
贼感伊孝放伊走，
赤足行佣事亲娘。
名扬四方人钦敬，
后当大夫坐黄堂。

【注释】

　　后汉江革，早年丧父，独与母居，孝甚。遭兵荒，负母逃难，路遇贼寇欲劫杀之。革跪求告有老母在，无人奉养。贼感其孝而赦之。革贫穷裸足行佣供母，乡人赞之。后为谏议大夫。

　　诗曰：负母逃危难，穷途贼犯频。哀求俱免祸，佣力以供亲。

6 蔡顺拾椹敬娘

谷雨时节梅雨天，
兵荒马乱又饥荒。
蔡顺拾椹充饥腹，
黑者喂母白自尝。
赤眉义军感伊孝，
赠米二斗解伊难。
牛蹄一只表敬意，
后做高官甚清廉。

【注释】

　　蔡顺，后汉人。少年丧父，事母至孝。时逢王莽之乱，又遇饥荒，顺拾椹供亲，一异器盛之。赤眉军见而问之。顺曰："黑者奉母，白者自食。"赤眉军悯其孝，以白米二斗、牛蹄一只赠其带回奉母，以示敬意。

　　诗曰：黑椹奉萱闱，啼饥泪满衣。赤眉知孝顺，牛米赠君归。

7 吴猛恣蚊饱血

立夏夜里蚊成群，
吴猛家贫无帐存。
年方八岁懂孝道，
赤身入屋先喂蚊。
求蚊饱血勿咬父，
遍体伤痛尽血痕。
官民闻知称巨孝，
赠伊金银共帐床。

【注释】

吴猛，晋朝河南濮阳人。八岁时，因家贫，榻无帷帐，蚊叮咬于父，夜不能眠。猛便于每夜赤身先坐于父床前，任蚊叮咬，从不驱赶。惟恐蚊子咬父，爱父之心至极。

诗曰：夏夜无帷帐，蚊多不敢挥。恣蚊膏血饱，免使入亲闱。

8 杨香扼虎救亲

小满猛虎下山岗，
杨香十四在田间。
忽见父亲被虎咬，
拼命上前解父难。
赤手空拳扼虎颈，
舍死忘生斗兽王。
猛虎受惊逃离去，
少年孝勇英名扬。

【注释】

　　杨香，晋朝人。十四岁时随父下田，忽来一虎将父叼起，危在旦夕。时杨香手无寸铁，心中只知有父，不知有己，勇跃向前，倾力扼住虎颈，宁死不放，虎即受惊而逃，父才幸免于死。杨香孝勇过人，舍生取义，名流千古。

　　诗曰：深山逢猛虎，努力搏腥风。父子俱无恙，脱难馋口中。

9 仲由为亲负米

芒种季节遇饥荒，
仲由野菜度三餐。
百里负米敬父母，
后在鲁国当达官。
积粟万钟车百乘，
常叹双亲早已亡。
亲在之日缺奉养，
荣华富贵也枉然。

【注释】

　　仲由，字子路。春秋鲁国人。孔子弟子。性至孝，家贫如洗，常以野菜作食。由为孝敬父母，常从百里之外负米奉亲。双亲死后，由在鲁国为官，后南游于楚，从车百乘，积粟万钟，累茵而坐，列鼎而食。常怀念父母之恩，忆昔年生活之苦。为人子者，亲在之日当竭力奉养，否则抱恨终生。

　　诗曰：负米供甘旨，何辞百里遥。身荣亲已殁，犹念旧功劳。

10　郭巨为母埋儿

夏至时节日头红，
郭巨埋儿惨难当。
只因家贫为顾母，
舍儿蓄乳喂高堂。
妻子未敢逆夫令，
掘地三尺现金光。
上界感伊行孝道，
天赐黄金儿回阳。

【注释】

郭巨，汉朝河南林县人。有子三岁，母尝减食给孙子吃，母体日渐衰弱。巨谓妻曰："贫乏不能供母，子又分母之食，将儿埋掉，节食奉母。儿可以再有，母不可复得。"为孝亲，妻不敢违。巨遂掘坑三尺余，忽见黄金百两，上有书云："天赐孝子郭巨，官不得夺，民不得取。"夫妻返家孝母。孝母之心虽感动天人，然埋儿之举万万不宜效法。

诗曰：郭巨思供给，埋儿愿母存。黄金天所赐，光彩耀寒门。

11　曾母咬指心痛

小暑三伏热气侵，
曾参砍柴在山林。
家中客到母无措，
咬指传信痛儿心。
曾参心痛速回返，
跪地问母知原因。
事亲至孝有灵感，
足见骨肉情至深。

【注释】

　　曾参，字子舆，孔子弟子，春秋鲁国人。学识渊博，事母至孝。少年时常采薪于山中。一日，家有客至，母无措，参未回，母乃咬指。参即感心痛，知母呼唤，负薪速归。跪问其故。母曰："有急客至，吾咬指以悟尔耶。"参即以礼待客。

　　诗曰：母指方才啮，儿心痛不禁。负薪归未晚，骨肉至情深。

12 郯子鹿乳奉亲

大暑热气迫深山，
郯子尽孝顺爹娘。
双亲年迈患眼疾，
思食鹿乳欲觅难。
身披鹿皮寻鹿去，
险被猎户射杀亡。
猎户知伊是孝子，
赠伊鹿乳送伊还。

【注释】

　　郯子，春秋时代郯国之君。少年时因父母年老俱患眼疾，思食鹿乳心切。郯子乃披鹿衣，进深山。郯子混入鹿群而取鹿乳以奉亲，猎人误其为鹿，欲射之。郯子具以情告，猎人感动其孝而赠其鹿乳，并护郯子出山。

　　诗曰：亲老思鹿乳，身披褐毛衣。若不高声语，山中带箭归。

13　刘恒亲尝汤药

立秋半月雨潺潺，
刘恒尝药为亲娘。
母病三年难起坐，
日夕护理待床边。
怕药失调损母体，
口口汤药必先尝。
仁孝芳名播天下，
巍巍汉帝盖百王。

【注释】

汉文帝刘恒，汉高祖第三子。初封为代王，生母薄太后，帝奉养无怠。母患病三载，帝理政后，常伴床前，目不交睫，衣不解带。母服之药，恐其失调，非亲口尝过后再让母服用。仁孝之名闻于天下。

诗曰：仁孝闻天下，巍巍冠百王。皇廷事贤母，汤药必先尝。

14　黄香扇枕温衾

处暑天气似火煎，
黄香为父扇风凉。
八岁孩童知孝道，
冬暖父褥夏扇凉。
长成官拜尚书职，
博古通今一名贤。
朝廷嘉奖赐匾额，
江夏黄童世无双。

【注释】

　　黄香，后汉江夏人。九岁时，丧母。躬执勤苦，事父尽孝。夏天暑热，为父扇凉枕席；冬天寒冷，先以身暖父被褥。香长成学识渊博，官至尚书。曾受太守刘护旌表。京师号曰："天下无双。"有江夏黄童之称。

　　诗曰：冬月温衾暖，炎夏扇枕凉。儿童知子职，千古一黄香。

15　涌泉跃鲤奉亲

白露江水凉哩哩，
芦林孝子是姜诗。
取水捕鱼敬奉母，
不辞劳苦日复年。
贤妻庞氏孝更甚，
夫妇孝道感动天。
屋旁忽然现天井，
日涌清泉跃双鲤。

【注释】

　　姜诗，后汉人。同妻庞氏侍母甚孝。母性好饮江水并嗜鱼脍。江距舍六七里。诗夫妇不辞寒暑轮流至江汲水捕鱼以奉母。一日，舍侧忽现涌泉，味如江水，并日跃双鲤，让其就近取以供亲。实乃孝感之故。

　　诗曰：舍侧甘泉出，一朝双鲤鱼。子能事其母，妇更孝于姑。

16　丁兰刻木事亲

秋分刻木是丁兰，
感叹双亲命早亡。
木头刻成爹娘像，
三餐敬奉值三年。
拙妻妒忌刺木像，
木像血泪双流红。
丁兰忿极将妻逐，
廿四孝子算一人。

【注释】

　　丁兰，后汉河内人。幼丧父母，未得奉养，常念养育之恩。用木刻亲像，奉之如生。出必告返必面，每日三餐先敬亲而后食。凡事必告之亲像，终年不怠。妻久而厌之至不敬，暗以针刺亲像手指，血出。木像见兰即泪滴。兰察出其情，愤将妻逐。

　　诗曰：刻木为父母，形容在日时。寄言诸子侄，各要孝亲闱。

17 寿昌弃官寻母

寒露一到天渐寒，
寿昌为官心不安。
老母失散五十载，
为官没母有何颜。
弃职寻母陕州去，
终会母弟得团圆。
王相题诗赞伊孝，
孝义芳名传宋邦。

【注释】

朱寿昌，宋朝人。年七岁，生母刘氏为嫡母所妒，外出嫁人。母子离散五十余载。神宗时，昌在朝任职，为寻生母而弃官入秦，发誓不见母亲则永不复还。后至陕州终遇母和二弟，欢聚而归。苏轼与王安石曾以诗歌赞美其孝。

诗曰：七岁离生母，参商五十年。一朝相见面，喜气动皇天。

18　庭坚涤秽事亲

霜降河水冷如冰，
宋朝太史黄庭坚。
亲为老母洗马桶，
端屎倒尿事高堂。
奴婢成群皆不用，
自力亲为心才安。
八大名家他居一，
一代文宗孝名扬。

【注释】

　　宋黄庭坚，字鲁直，号山谷。元祐年间太史，善书画，为宋代四大名家之一。性至孝。身虽显贵，奉母尽诚。每夕亲为母洗涤溺器，婢妾成群却不使之，可知其孝何如也！

　　诗曰：贵显闻天下，平生孝事亲。亲身涤溺器，不用婢妾人。

19　黔娄尝粪忧心

立冬黔娄县太爷，
闻父生病即回程。
遵医探病尝父粪，
味道微甜心暗惊。
夜夜求天延父寿，
跪地磕头哭声声。
父亡守制三年久，
愿尽孝道不做官。

【注释】

　　黔娄，南齐高士，任孱陵县令。上任未及旬日，忽闻父病，即返。医曰："欲知父之吉凶，惟有尝负粪，味苦则佳。黔尝之味微甜，心甚忧之。夜拜北辰为父求寿。数日父卒，娄则守制三年，实大孝也。

　　诗曰：到任未旬日，椿庭遗疾深。愿将身代死，北望起忧心。

20　乳姑奉亲不怠

小雪霏霏白茫茫，
命妻乳母崔山南。
老母无齿难食粒，
妻乳喂母值三年。
感念妻恩无能报，
嘱咐儿孙敬妻房。
世代相传尽孝道，
崔家孝妇美名扬。

【注释】

　　崔山南，唐朝人。官至节度使。祖母长孙夫人，年高无齿。崔家少妇甚孝，每日洗梳，升堂乳姑，故不食粒数年而康。南无以报妇恩，乃咸集全府长幼而宣言曰："愿儿孙孝敬妇以报之。"

　　诗曰：孝敬崔家妇，乳姑晨洗梳。此恩无以报，愿得子孙如。

21　闵损单衣顺母

大雪纷飞刺骨寒，
闵损拖车举步难。
严父斥打衣衫裂，
露出芦花父惊惶。
父恨继母心狠毒，
即时逐母出家中。
闵损求父恕母过，
继母悔改家团圆。

【注释】

　　闵损，字子骞，春秋鲁国人，孔子弟子，性至孝，早年丧母。继母对亲生二子衣以棉絮。忌妒闵损，衣以芦花。一日，损随父御车，体寒难忍，父斥鞭打，芦花飞出。父察之甚恼，欲逐继母。损求父曰："母在一子寒，母去三子单。"父感动之，免逐母。母悔改从贤，后待三子如一。

　　诗曰：闵氏有贤郎，何曾怨晚娘。尊前有母在，三子免风霜。

22　陆绩怀橘遗亲

冬至时节橘子黄，
陆绩随父到九江。
做客袁府食淮橘，
偷藏数粒敬慈娘。
六岁孩童懂孝道，
袁术夸奖赠橘还。
长成终为一贤士，
官居太守做栋梁。

【注释】

　　东汉陆绩，年六岁，随父至九江拜见袁术。术用橘待绩父子。绩乘机暗藏两枚。绩拜别时，不慎橘露坠地。术曰："绩郎作客而怀橘乎？"绩跪答曰："吾母性喜橘，故偷之以敬母。"术大奇之，遂赠橘并仰其孝。绩后博学多识，出任林俞太守。

　　诗曰：孝悌皆天性，人间六岁儿。袖中怀绿橘，遗母报乳哺。

23　孟宗哭竹生笋

小寒山地土冻僵，
孟宗哭竹入山间。
母病调药须用笋，
冬天寻笋难上难。
无奈抱竹对天哭，
哀声泣泪感动天。
裂地露笋赠伊返，
治母康复成美谈。

【注释】

　　孟宗，晋朝人，父早丧。一年严冬，老母病笃，医嘱须用鲜竹笋作药引方能康复。宗无法得笋，乃往竹林抱竹而哭。其孝感动天地，须臾，地裂，出笋数茎。宗大喜，持归入药奉母。果然病愈康复，传为佳话。后宗官至司空之职。

　　诗曰：泪滴朔风寒，萧萧竹数竿。须臾冬笋出，天意报平安。

24 王祥卧冰求鲤

大寒河冰似铁坚,
卧冰求鲤是王祥。
继母患病思食鲤,
此时寻鲤如登天。
无奈解衣卧冰上,
声声悲泪求上苍。
果然冰裂鲤跃出,
带回家中奉高堂。

【注释】

　　王祥,字休徵,晋朝人。生母早丧。继母朱氏体弱多病,祥甚孝之。一年冬,继母思食鲤鱼,时值天寒冰冻,王祥解衣卧冰求之。河冰忽解,鲤鱼跃出,祥持归供亲。武帝即位后,封王祥为太保之职。

　　诗曰:继母人间有,王祥天下无。至今冰河上,一片卧冰模。

第二篇　动物孝行

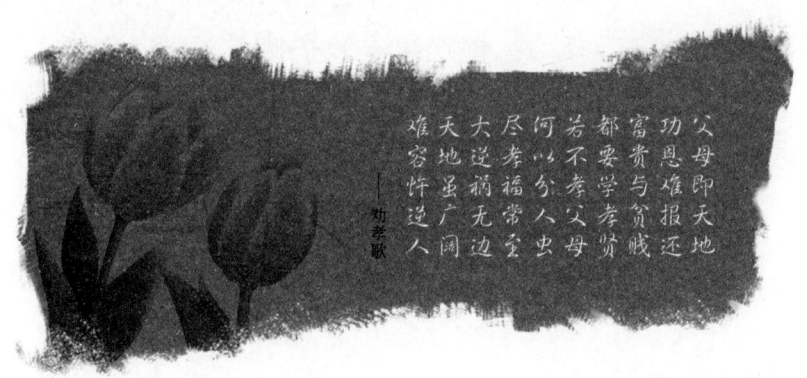

父母即天地
功恩难报还
富贵与贫贱
都要学孝贤
若不孝父母
何以分人虫
尽孝福常至
大逆祸无边
天地虽广阔
难容忤逆人

——劝孝歌

具有孝心、奉行孝道的人，令人推崇。有些动物爱子奉母的事例，同样让人深思、回味无穷。

孝 牛 泉

《昆明县志》里记载一则《孝牛泉》的神奇故事。

著名的风景胜地云南昆明，名胜古迹林立。就在滇池西山罗汉崖三清阁旁边，有一口井，名叫孝牛泉，泉水终年清澈甘甜。

传说明朝嘉靖初年，昆明县有个名叫赵炼的屠夫。有一天，他买来了一头母牛和一头牛犊。他磨好了屠刀，捆绑了母牛正准备宰杀，忽然听到门外有人叫他，便放下了屠刀出门去看，不见有人，回身进屋，却不见那把屠刀，遍寻每个角落都不见踪影。最后，他见小牛犊俯卧在地上，一动不动，心中疑惑，便赶打起小牛，那把屠刀果然被藏在腹下。

赵炼找到屠刀，正待向母牛下手，突见小牛跪倒在他面前，眼泪直流，望着母牛哀叫不止。这时，赵炼被眼前的情景惊呆了。接着，怜悯之心油然而生，马上丢掉了屠刀。

而后，赵炼便牵着母牛和小牛到罗汉崖三清阁修道。因为石崖上面没有水，他便每天牵着母牛下山取水驮运上山，长年累月，非常辛苦。小牛犊见此情景，便用蹄子拼命在山顶石崖上刨，刨呀刨，不知刨了多少年月，把四蹄都磨破、磨光了，终于刨成了一口石井，涌出了甘泉，解决了它母子与赵炼饮水的困难。人们因此把这口井称为孝牛泉。

驴 子 孝

2001年5月,在距离玉门关外10多公里大漠古道上,人们惊奇地发现一座坟墓,墓前黑色高大的大理石墓碑上镌刻着醒目的三个大字:"驴子孝"。

很久以前,在那片荒漠上,一头母驴突然病倒在滩涂上,刚生下3个月的小驴寸步不离地守护在自己母亲的身边,不停地用舌头舔着母亲的眼睛、肌肤,用头拱着母亲的躯体,流着泪,不停地哀鸣,试图把母亲唤醒,让它站立起来,就这样一天天的过去,小驴始终守护着母亲,不吃,不喝,不睡,舌头干裂了,流血了,但苦苦坚持着,一直挨到第7天,小驴终于倒在母亲的身边,和母亲一起魂归大漠。

事后,有一位诗人、制片人,在这里为之矗立起这块特殊的墓碑,记载了这个动人的"孝行"故事。

有人说:一只小小的驴子,如此重孝讲义,至死也不忘养育自己的母亲,动物孝义实在感人。万物之灵的人类,要是不孝顺含辛茹苦养育自己的父母,那他(她)就连动物都不如。

为此,有一位歌手创作了一首歌曲《驴子孝》:"是谁在亲吻母亲的脸颊,从清晨到日暮守护着她?是谁依偎在母亲的腋下,用自己的身体温暖着她?哦,妈妈,孩子怎能将你丢下?哦,妈妈,养育之恩还未报答……快快醒来吧，我要牵着手和你一起回家……"

有人把此故事制成了一部音乐电视短片《驴子孝》。2004年底，上网播出后，引起了轰动，每天点击率高达上万人次。该作品在第3届全国动画短片奖评选中，被评为"最佳动画音乐电视片奖。

舍命救崽的母猫

猫属猫科类动物，其共性是弱肉强食。然而，有只猫的母性却堪称伟大！它舍生忘死为儿女献出了生命，其救儿女的精神一点也不比人类差！

这是几年前我在报刊上看到的一则短讯：

有一天，潮汕地区某工厂失火。人们在奋力救火时，发现一只黄色的母猫口里叼着一只小猫崽，飞快地从着火的厂房里蹿出，放下猫崽，又急忙返身扑进熊熊的烈焰之中……就这样，当它救出第三只猫崽时，全身皮毛几乎烧焦了。可是，母猫还是踉踉跄跄地拼命冲进火海，从此再也不见它出来了。

火灾扑灭之后，人们在清理灾后的厂房时，发觉这只母猫已被烧死在仓库的角落里，口里还紧紧地叼着最后那只几乎被烧焦了的猫崽。现场观众禁不住齐声感叹，有的忍不住流下了眼泪……

事后，母猫的主人把它埋在附近的山上，并在母猫的小坟上插上一块小木牌，写上："英雄的母亲"。

负子飞渡

这是紫燕在生命传递中的一个悲壮场面,它的艰辛苦难历程,许多航海者都亲眼看到。

秋后,一群歇息在滩涂上的紫燕突然变得焦躁起来。为了躲避入冬后的寒流,该回到大洋彼岸去了。它们是从大洋彼岸来的,来到此岸产卵孵雏。如今,雏燕已经褪尽了一层绒毛,令箭似的紫色羽毛同父母一样有了泛黑的光泽,但嘴壳的黄色仍在提示着生命的幼稚以及阅历的肤浅。也就是说,一只只新鲜的生命尾随着父母去蓝天展翅已不是件难事。但它们毕竟还嫩,有限的耐力还不能负担远征的沉重,妄想横越眼前的大洋是不可能的事呀。对于这一点,所有冒失的雏燕都不明白,而所有做父母的都知道,要真的率领孩子们横越大洋,孩子们必定将折翅半途,无一幸免。它们都是初春时从大洋彼岸来的,了解到大洋是怎么样的宽阔,而这一段洋面绝无一座小岛,没有一点儿可以提供歇脚的机会。

做了父母的紫燕固然可能拍翅数日后安抵彼岸,但做了父母后的紫燕在孵育一季后所剩的体力也仅仅能够抵达彼岸,完成一次跨越飞渡后绝对再无余力去向任何一只雏燕伸出援手。

如果将雏燕继续留在此岸这一片丛林和沼泽地里,那么等不到羽翼完全丰满，很快就会被寒流冷酷地冻僵在野地里。

进退不得，无情的选择使得所有的父母们变得日益焦躁不安。

数日后，紫燕群开始了飞渡洋面的远征，千百只紫燕散布在半空，麻麻点点于天水之间。

每一只紫燕的背上都匍匐着一只雏燕。

老燕驮着小燕强行起飞，负载着接近自己体重的分量横渡大洋。

老燕舒展开来的双翅似乎已不再有往日的潇洒，甚至在与气流相搏的接触间还隐约显露出震颤，它们明白着肩负着的生命的沉重，更预见到不久之后所等待它们的将是怎样一种结局。此行一开始，它们所飞往的方向就是无边的黑暗。但所有的老燕几乎都竭力平衡着内心与身体的波动，将背部尽可能地舒展开来，供雏燕歇伏得舒坦一些，当然还不时地扭过头对背上好动的雏燕叱喝着什么。

雏燕的好动并不因为叱喝而停止，双翅虽报着，眼睛则骨碌碌好奇地看着天水一色的浩渺，惊异同样会飞的自己竟被父母们驮在背上，不明白离开熟悉了的丛林和沼泽地所要去的将是什么样的地方，年幼无知使它们所看到的只是如洋面一样的茫然。

天浩浩，水也浩浩。彼岸不见，此岸也不见。前进，已经变得十分艰难，退路也同样的遥远。

千百只老燕都几乎在连续飞行的一两日之间变得异常的衰老，疲相毕露，双翅渐渐挥拍不动。

大概已经飞行了整个洋面的一半路程，一些老燕们毕生的路也走到了尽头。背上的雏燕消耗光了做父母的本来还可以继续飞完另一半行程的气力。

横渡过大洋还剩下一半，这一半是雏燕们所能胜任的一半。

一只只雏燕于是腾空而起，如从航空母舰上起飞。

千百只年轻的紫燕欢腾而去，而同样数量的老燕们大多都先后坠入海中，歪歪斜斜地跌下来，栽进水里。那场面应是生命历程中极为悲壮的一幕，而大海的反应却是溅起几簇浪花而已。

蛇鸟大战

太阳鸟是热带雨林里一种小巧玲珑的鸟,从喙尖到尾尖,不到十公分长,叫声清雅,羽毛七彩艳丽。每当林子里灌满阳光的时候,太阳鸟便飞到灿烂的山花丛中,以每秒80多次的频率拍扇着翅膀,身体像直升机似的泊在空中,长长的细如针尖的嘴喙刺进花蕊,吮吸花蜜。

曼广弄寨后面有条清亮的小溪,溪边有一片枝繁叶茂的野芒果树,上面住满了太阳鸟,就像是太阳鸟的王国。几乎每一根横枝上,相隔数寸远,就有一个用草丝和黏土为材料做成的鸟巢。早晨它们集体外出觅食时,天空就像出现了一道瑰丽的长虹;黄昏它们栖落在树丫间梳理羽毛时,树冠就像一座彩色的帐篷。

作为上海来的知青,我和当地的农民一起务农,打猎。那天下午,我插完秧,到溪边洗澡。这时正是太阳鸟孵蛋的季节,野芒果树上鸟声啁啾,雄鸟飞出飞进,忙着给在窝里孵蛋的雌鸟喂食。

我刚洗好头,突然听见野芒果树上传来鸟儿惊慌的鸣叫,抬头一看,差点把魂都吓掉了,一条眼镜王蛇正爬楼梯似的顺着枝丫爬上树冠。眼镜王蛇可以说是森林里的魔王,体力强大,在草原上游走如飞,只要迎面碰到有生命的东西,它就会毫不迟疑地主动攻击。别说鸟儿,兔子这些弱小动物，就连老虎，豹子见到它，也会退避三舍。人若被眼镜王蛇咬了一口，一小时内必死无疑。

我赶紧躲在一丛巨蕉下面，在蕉叶上剜个洞，偷偷窥视。

眼镜王蛇爬上高高的树丫，蛇尾缠在树杈间，下半截身体下坠，上半截身体竖起，鲜红的蛇信子探进一个个鸟窝，自上而下，吸食鸟蛋。椭圆形的晶莹剔透的小鸟蛋，就像被一股强大的吸力牵引着，排好队一个接一个，咕噜咕噜地顺着蛇信子滚进蛇嘴里。那份潇洒，就像我们用吸管吸食牛奶。

所有正在孵蛋的太阳鸟都拥出巢来，在外觅食的雄鸟也从四面八方飞拢过来，越聚越多，成千上万，把一大块阳光都遮住了。有的擦着树冠飞过来掠过去，有的停在半空，怒视着正在行凶的眼镜王蛇，叽叽喳喳惊慌地哀叫着。

可怜的小鸟，多么娇嫩的生命，是无法跟眼镜王蛇对抗的，它们最多只能凭借会飞行的优势，在安全的距离外徒劳地谩骂，毫无意义地抗议而已。唉！弱肉强食的大自然是从不同情弱者的。

眼镜王蛇仍美滋滋地吸食着鸟蛋，对这么大一群太阳鸟不屑一顾。

不一会儿，左边树冠上的鸟巢都被扫荡光了，贪婪的蛇头又转向右边的树冠。

就在这时，一只尾巴叉开，像穿了一件燕尾服的太阳鸟，突然飞高"嘀——"的长鸣一声，一敛翅膀，朝蛇头俯冲下去。它的本意肯定是用尖针似的细长的嘴啄去蛇眼，可是当它飞到离蛇头还有一公尺远时，眼镜王蛇突然张开了口，好大的嘴！可以毫不费劲地吞下一只椰子，黑咕隆咚的嘴里还有强大的吸引力，叉尾太阳鸟翅膀一偏，身不由己地一头撞进蛇嘴里去。我不知道那只叉尾太阳鸟怎么敢以卵击石，也许它天生是只勇敢的雌鸟，正好看到眼镜王蛇的蛇信子探进它的巢，出于一种母爱的本能，为使下一代免遭荼毒，才与眼镜王蛇以死相拼。

救不了它的蛋，反而把自己也给赔了进去，实在可怜！

然而，叉尾鸟的行为顿时成了众多太阳鸟的榜样和示范，就在叉尾鸟被吞进蛇口的一瞬间，群鸟一只又一只地升高俯冲，朝丑陋的蛇头俯冲扑击，但自然也是飞蛾扑火，自取灭亡，它们无一例外地被吸进深渊似的蛇腹。眼镜王蛇享受这样的自助进餐，高兴得摇头晃脑，蛇信子舞得异常热烈兴奋，好像在说："来吧，多多益善。"在一种特定的氛围里，英雄行为和牺牲精神往往会传染蔓延，几乎所有的太阳鸟，都飞聚到眼镜蛇的正面来，两三只一排连续不断，争先恐后地朝蛇头俯冲扑击，洞张的蛇口和天空之间，好像拉起了一条扯不断的彩带。

数不清的太阳鸟填进了蛇腹，渐渐地，眼镜王蛇瘪瘪的肚皮隆了起来，它大概吃得太多而有点倒胃了，终于闭起了嘴巴。说时迟，那时快，两只太阳鸟扑到它脸上，尖针似长嘴啄中了玻璃球似的蛇眼。我看得清楚，眼镜王蛇浑身颤动了一下，颈肋倏地扩张，颈部立时像鸟翼似地蓬张开来，它一定被刺痛了，被激怒的眼镜蛇刷地一抖脖子，一口咬住啄它眼球子的那两只鸟，示威似的朝鸟群摇晃。

鸟群没有被吓倒，反而加强了攻击，三五只一批，像下雨一样的飞到蛇头上去。它们晓得没有眼睑而无法闭拢的蛇眼，是眼镜王蛇身上唯一的薄弱环节，于是专门朝两只蛇眼啄咬。不一会，眼镜蛇的眼窝里便涌出了汪汪的血，它终于有点抵挡不住鸟群奋不顾身的攻击了，合拢颈肋，收起嚣张气焰，蛇头一低顺着树干想溜了下去。此时，一大群太阳鸟蜂拥而上，盯住蛇头猛啄。眼镜王蛇的身体一阵阵抽搐，蛇尾一松，从高高的树冠上摔了下来，咚的一声，摔得个半死。密集的鸟群，轰然紧跟着扑到蛇身上。我看不见蛇了，只看到眼镜王蛇被鸟群紧紧包裹起来扭滚着。随着蛇身的挣扎翻滚，一层层的鸟被压死了，又有更多的鸟前仆后继地飞扑上去……

终于，凶残狠毒得连老虎、豹、豺狼都惧怕的眼镜王蛇，像条腐烂的大缆绳瘫软在地上断气了。

地上，铺着一层战死的太阳鸟，就像下了一场花雨。

哦，美丽的太阳鸟，娇嫩的小生命，勇敢的小精灵，凭着伟大和无私的父爱母爱，改写了以往历史强弱的定律。

乌鸦与枭鸟

自古以来，世人为何把乌鸦称为"孝义鸟"，同时又把枭鸟（一种羽毛赤褐色相间，凶猛的鸟）的"枭"字与"毒"、"恶"等字组成了"毒枭"、"枭恶"等贬义词，这其中自有它的由来。

据动物学家考证：母乌鸦下足了蛋后，经过20多天的守护，用体温孵出了一窝雏鸦。而后又经过两个多月昼夜不停地四处寻觅食物，把儿女们哺养大。当雏鸦长成，羽翼丰满时，母鸦再经过半个多月培训儿女们飞翔、捕食等本领，直到它们都能独立生活。

再过一些天，母鸦的生理必然要发生周期性的变化——脱光身上原来的羽毛，换上崭新的羽毛。这个"换毛"过程必须经过18天左右。在这期间，母鸦好像患病一样，全身无力，精神萎靡，一动不动地瘫卧在巢里挨饿。而它的儿女们便能自动自觉地分头四出寻觅食物，轮流飞回乌巢喂哺母亲，盼望着母亲更快地度过这个生理难关。

由于乌鸦长成之后，懂得反哺之道理，回报母亲养育之恩，所以有史以来深受世人赞颂，并把"鸦有反哺之义"这句千古名言，用来形容感恩回报，敬养父母的孝行。

然而，母枭鸟与母乌鸦一样，也必须经过长达4个月时间对儿女们的孵哺、养育、培训飞翔和捕食。而后，也同样要经历10多天的羽毛新陈代谢期，丧失活动能力。但不同的是，它的儿女们各自去快乐的翱翔，填饱肚子，谁都不理瘫卧巢中的母亲，让它在饥饿中声声哀鸣，直至活活饿死。这还不说，等到母亲死后，尸体腐烂，滋生蛆虫，儿女们见后便会纷纷飞回旧巢，争着把母体上的蛆虫作为美餐。但是，等到它们今后成为母亲之时，下一代也就同样效仿，世袭成俗。

枭鸟就这样一旦养大了儿女饿死了娘，母亲最后连尸体还得成了儿女们的佳肴美味！因此，人们非常痛恨这种大逆不道的鸟类。于是，历史便用"毒枭"、"枭恶"、"枭情绝义"等词作为痛斥丧失良心、忘恩负义的人。

南方人，有时在责骂那些不孝的逆子时，骂他（她）们为"食母仔"（比喻枭鸟），还把乌鸦、枭鸟这两种善恶悬殊的鸟类的因果报应编成一首流传久远的童谣：

　　　　一棵大树分两支，
　　　　有人欢喜有人啼。
　　　　孝顺生有孝顺子，
　　　　忤逆养出忤逆儿。

孙中山先生在《言论一致》中所说："譬如生子虽好，反哺必须在20年生。那么父母苦苦地等了20年，盼望晚年有个依靠，得到反哺的孝养。但是等来的却是不养、不顺、不孝、不敬的子女，这是何等的令人心酸，何等的令人失望啊！一些人甚至连传说中的乌鸦都不如了。这不是耸人听闻，而是代代不乏其人。"

乌助成坟

《二十四孝别录》中记载着《乌助成坟》的故事。

在我国汉代,浙江会稽有个名叫颜乌的人,他生平靠打鱼为生,自己还经常忍饥挨饿,但他尽力孝养父亲。父亲去世之时,颜乌无力营造坟墓葬父,便自己搬取土石筑造坟墓。如此孝行感动了成群的乌鸦,都主动四出衔土衔石,飞来帮助颜乌筑坟。因此许多乌鸦把嘴都弄伤了。当时,人们为了传扬孝子的美誉及乌鸦的义举,就把当地命名设立乌伤县。王莽篡位后,建立了新朝,又把乌伤县改名义乌县,沿用至今。

第三篇 歌谣

父母即天地
功恩难报还
富贵与贫贱
都要学孝贤
若不孝父母
何以分人虫
尽孝福常在
大逆祸无边
天地虽广阔
难容忤逆人

——劝孝歌

歌谣作为民间文学体裁之一,在民间广为流传。由于其通俗易懂,押韵上口,贴近生活,贴近群众,成为群众喜爱的民间口头文学。下面几首有关慈孝的歌谣,道出了父母的艰辛与慈孝文化的真谛,值得一读。

十月怀胎歌

一月怀胎结胎盘，娘亲有孕暗颜欢。
妊娠反应无大碍，香灯有继心才安。

二月怀胎血一团，五脏六腑未成全。
渺渺茫茫居母腹，骨肉渐成母腹中。

三月怀胎成人影，一半欢喜一半惊。
恶心呕吐难进食，头晕目眩苦百般。

四月怀胎结成人，撞母肚腹踢母肠。
脚酸手软娘不怕，只求胎儿得健全。

五月怀胎分雌雄，腰酸腿软腹渐隆。
处处细心保护好，孕妇实在多苦衷。

六月怀胎六筋全，母体臃肿重如山。
面容憔悴遍身硬，心烦意乱苦难言。

七月怀胎分七孔，吮肉饮血母腹中。
父母惜子长江水，子孝父母一阵风。

八月怀胎动母身，日夜蠕动不成眠。
神疲力乏不足叹，只求胎儿得安宁。

九月怀胎旋旋转，痛母心肝割母肠。
寸步艰难母不怨，只望胎儿早成人。

十月怀胎将分娩，好似担水踏刀尖。
生男不知母艰苦，生女才晓母艰难。

腹中一时痛起来，四筋六脉难忍耐。
翻肠搅肚如刀割，呼天呼地哭声哀。

人说产子苦难言，生死如过鬼门关。
几多剖腹取出子，亦有一尸二命亡。

儿若顺产母康宁，儿若难产母受刑。
牙齿咬得铁钉断，爬床滚席痛到眩。

媳妇哭叫声凄怆，公婆烧香求苍天。
保佑媳妇手脚快，母子双全心才安。

婴儿顺利出娘胎，手执剪刀来返脐。
脐带返好洗花水，裙衫包子抱起来。

婴儿出世哭啼啼，食乳放屙不停时。
擦湿换干无数次，芋叶扶珠细扶持。

十月怀胎苦不堪，临产又闯生死关。
九死一生脱过去，三年乳哺受熬煎。

日间抱儿把活干，夜间揽子共床眠。
左右两边全尿湿，放儿睡在胸膛间。

父母惜子有千般，含烧嗌冷饲其大。
粥饭未熟怕子饿，北风未来怕其寒。

父母惜子竭尽情，是寒是热抱紧身。
蚊蝇咬子慢慢赶，诚恐惊醒儿难眠。

儿女有病父母惊，犹如大石压心肝。
求医煎药细护理，儿病不愈心不安。

长江滚滚水东流，一代痛爱一代人。
父母功恩如山海，千言万语诉不完。

养 儿 歌

养儿防衰老，积谷备饥荒。
千秋一定理，万世真名言。
儿似心头肉，子为掌中珍。
田螺为子死，春蚕为子亡。
十月居母腹，精血育成人。
儿身若难产，母命如倒悬。
一旦见儿面，双亲乐开颜。
十月怀胎苦，产子是难关。
痛苦且不说，生死顷刻间。
赤身来世间，未带一文钱。
哭闹拉屎尿，换湿又移干。
儿眠干衾褥，母卧湿床板。
儿病甘心替，子秽不嫌脏。
费心且劳力，废寝又忘餐。
汗血耗千斛，乳哺经三年。
未饥先喂食，未寒添衣装。
怀抱三年整，劳累无怨言。
小儿能说话，慈母心花放。
小儿会走路，严父喜开颜。
日夜勤抚鞠，谨扶怕覆颠。

五岁能跑远，双亲乐又忧。
怕儿被人偷，恐儿遭人骗。
在家怕火烫，出外怕水淹。
时刻勤看顾，日夜心挂牵。
生病或麻疹，娘心似油煎。
求医又买药，父腿都跑断。
子笑父欢喜，儿哭娘心酸。
有福儿先享，有苦母独尝。
父母若鳏寡，为儿守孤单。
父恐后母虐，丧偶不续弦。
母虑继父恶，孀居忍清寒。
苦劳七年满，送儿进学堂。
吃穿书学费，件件父母办。
怕儿成绩差，恐儿学业难。
愚钝怕庸俗，聪敏恐劳伤。
怕儿被人欺，恐儿惹祸殃。
礼仪父教育，衣食母供养。
有善多表赞，有过常劝箴。
早送儿上学，晚接儿回还。
省吃又俭用，盼儿壮且贤。
勤劳辛苦尽，儿已十八年。
举止难拘束，性气渐刚强。
帮儿谋职业，脚板都磨穿。
求亲又托友，送礼赔笑颜。
职业喜谋就，望儿再向上。
儿行十里远，母心千里牵。
儿女归家晚，爹娘望眼穿。
一朝婚龄到，帮儿觅良缘。

托媒选淑女，朝夕操心肠。
妆奁费衣谷，媒妁花金钱。
年初筹彩礼，岁末建新房。
差钱求借贷，缺工请人帮。
田间勤劳作，家中养猪忙。
妆奁件件足，家具样样全。
媳妇娶进门，债务须筹还。
父母黄土相，妻子白玉颜。
一旦花烛过，孝思难十全。
才罢娶媳念，又谋生孙宴。
含辛又茹苦，月月又年年。

劝 孝 歌

父母即天地，功恩难报还。
为人须尽孝，亲恩不可忘。
为你献忠告，听我说实言。
亲恩说不尽，略举粗与浅。
身体亲生育，知识亲教养。
家业亲创建，幸福苦中来。
富贵与贫贱，都要学孝贤。
若不孝父母，何以分人虫。
慈松固枝叶，孝竹知暑寒。
欲懂孝道义，《孝经》应常观。
孝字分开看，"老"字在上边。
"老"即为父母，膝下荫儿郎。
"子"字在下面，意义明摆然。
子女要尽责，奉养老爹娘。
居要对亲敬，养要使亲乐。
病要替亲忧，丧要为亲哀。
祭要待亲严，才算尽孝人。
孝字加仿文，"教"字即成全。
儒道释三教，还有伊斯兰。
纵横数百国，沿袭几千年。

教导人修德，教诲人行善。
教人长知识，教人益寿元。
千般不离教，四海尽相同。
孝文意义大，由此足可见。
孝为善之首，孝是德之源。
取士先取孝，历代举孝廉。
当选大孝子，入朝封官员。
汉朝千万官，六成是孝廉。
制度何如此？道理最简单。
为子若不孝，居心定不良。
臣不孝父母，怎能忠君王？
子不孝父母，怎能爱他人？
兄不孝父母，怎能惜弟妹？
弟不孝父母，怎能敬兄长？
夫不孝父母，怎能爱妻房？
妻不孝父母，怎能敬夫郎？
老板不孝亲，怎能爱员工？
工人不孝亲，怎能尊老板？
教师不孝亲，怎能爱学员？
学生不孝亲，怎能尊师长？
朋友不孝亲，情谊从何讲？
纵有好表现，其实是伪装。
纵有好才干，缺德也枉然。
逢人遭冷眼，交际被弃嫌。
难以兴家业，免谈治国邦。
世人多不孝，社会乱成团。
恶迹遍地生，惨情随处见。
历代帝王家，对此最敏感。

奖孝有明文，惩逆有律典。
尽孝福常至，大逆祸无边。
奉劝忤逆人，闻歌自检点。
莫以不孝身，枉住人间房。
莫以不孝口，枉食人间粮。
莫以不孝体，枉着人间裳。
天地虽广阔，难容忤逆人。
及早悔前非，莫待遭天谴。
快速行孝道，信奉添吉祥。
在生人敬仰，死后名流芳。

老 来 难

原盼儿，成家后，传宗接代，
到晚年，身衰老，有人奉养。
几多人，娶媳妇，了却心愿。
哪知道，一辈子，苦债不完。
听起来，做公婆，很是体面，
有谁知，媳妇到，公婆难当。
一天天，抱孙儿，观内顾外，
养猪鸡，扫地板，洗衣晒干。
老公爹，帮农务，犹如杂役。
婆母娘，忙家事，恰似丫环。
好儿媳，通事理，尚知恩德。
敬公婆，尽孝道，三冬情暖。
老一辈，虽劳累，心欢神悦。
文明户，和为贵，家兴业旺。
近者夸，远者赞，美誉传扬。
缺德妇，失教养，滋事寻衅。
娶进门，刚数日，脸色就翻。
厌公脏，数婆短，百无一是。
与姑吵，同叔闹，咒鸡骂犬。
不自强，不争气，全不自量。

怨公婆，没本事，家不如人。
枕边语，弄是非，使儿心变。
对父母，视兄弟，陌路之人。
家不宁，亲不睦，田荒业废。
老公婆，没办法，徒自悲伤。
家业薄，儿子多，各存私念。
媳妇们，窝里斗，相互责难。
养育恩，骨肉情，全然不顾。
听妻言，图私利，鼠目寸光。
只计较，家产薄，满口怨言。
全不知，老双亲，创业维艰。
终日间，吵吵嚷，唇枪舌剑。
视父母，如包袱，当出气筒。
无奈何，分了家，轮流赡养。
哪个肯，留爹娘，多吃一餐。
有的人，待岳亲，鸡鱼肉蛋。
有的人，对父母，残羹剩饭。
有的人，把父母，当作义工。
粗重事，肮脏活，让其承担。
有的人，将父母，当作银行。
今天支，明天取，百拿不烦。
自以为，花亲钱，天经地义。
将父母，养老金，挤尽榨干。
当父母，生了病，情景骤变。
要花钱，要护理，不少麻烦。
我说穷，你说忙，互相推诿。
儿女们，都像是，与己无关。
老双亲，到此时，流泪哀叹。

挨病痛，被冷落，倍受凄凉。
想当初，青壮时，养育群小。
到如今，衰老病，无人可怜。
有些人，到晚景，没人赡养。
无奈何，当乞丐，苦度残年。
有些人，到晚景，儿孙满堂。
结果是，孤零零，病死房中。
似这般，儿媳辈，以怨报德。
视父母，如草芥，你心何安？
须知道，怀中儿，娇生惯养，
老爹娘，惜你时，如此一般。
须懂得，老年人，时光有限，
一辈子，为儿女，沥胆披肝。
垂暮年，气血弱，体力衰退。
耳目花，筋骨硬，百病缠绵。
草面霜，风中烛，灯油将尽。
理应该，尽孝道，敬奉高堂。
知父寒，懂母暖，赤诚相待。
切不可，对父母，白眼常翻。
伸五指，按心肝，扪心自问，
爱娇儿，如至宝，所为哪桩？
孝顺人，定然有，忤逆之子，
忤逆者，必然养，忤逆之男。
请君看，屋檐水，滴滴依旧，
狸猫儿，睡屋脊，代代模仿。
小羊羔，吃母乳，双膝跪下，
小乌鸦，反哺娘，一十八天。
南烧香，北拜佛，所为何故？

不尊父，不孝母，一切枉然。
再请君，想一想，光阴似箭，
转眼间，就轮到，你的年关。
老护幼，幼敬老，天经地义，
请不要，忘却了，报应循环。
逆双亲，利自己，劝君莫做，
忠受尊，孝被敬，世代相传。
个别人，当父母，心存偏见，
旧观念，坏思想，轻女重男。
还不知，到头来，哪个是好？
理应当，手掌肉，内外相同。
还有的，惜女儿，讨厌媳妇。
须明白，女虽孝，几时一见。
如亲戚，远距离，易生美感。
儿媳妇，频接触，难免碰磕。
却似那，应急灯，随时闪亮。
理应该，将女媳，平等相待，
坏家风，陋习俗，一律铲光。
这一篇，老来难，望君领悟，
报亲恩，莫忘本，饮水思源。
孝双亲，睦四邻，夫和妻贤。
人康乐，家和谐，万事兴旺。

报 恩 歌

天下孝子如繁星，报恩方式有万般。
古今孝行书不尽，千家万户述大同。
享乐须在父母后，吃苦应于父母前。
子德淡薄燕窝苦，亲情浓厚菜根甜。
早顾起居晚顾睡，冬予温暖夏予凉。
出入扶持勤关照，朝夕侍候未厌烦。
辛酸莫教爹娘受，忧愁勿分父母担。
爹娘良言勿逆耳，子女遵循带笑颜。
内外事务须禀命，商定行止莫自专。
凡事多顺父母意，勿令爹娘心挂牵。
爹娘偏心护闺女，莫与姐妹结仇冤。
父母偏心顾兄弟，只当自身有不贤。
好男不得父母业，好女无需嫁时妆。
勿与手足争财产，迫使爹娘当家难。
烟馆赌场休驻足，花街柳巷莫流连。
破财伤身累亲属，违法损德辱亲颜。
务农做工经商贸，安分守己切勿贪。
奉公守法少灾祸，心安理得亲开颜。
父母年迈牙齿坏，粗硬切莫往上端。
起居饮食细调养，不然染病后悔难。

一旦双亲身患病，赶紧医治莫等闲。
熬汤煮药细护理，端屎倒尿从不嫌。
不惜自身心力瘁，但求父母早安康。
万一爹娘有过错，一勿恶语伤高堂。
转弯抹角相规劝，和风细雨诲椿萱。
宁可自身受委屈，莫使爹娘太难堪。
为阻双亲陷不义，十劝百劝不厌烦。
二勿是非全不辨，曲意逢迎岂那般。
若使双亲铸大错，乃是不孝又不贤。
须知奉养与劝谏，皆为孝敬义相同。
勿重财帛轻父母，莫厚妻儿薄爹娘。
爹娘双全当庆幸，父母鳏寡须慰怜。
日间清冷常沉闷，夜里寂寞叹孤单。
单亲有意寻老伴，儿当支持莫阻拦。
民主新风多树立，封建陋习应推翻。
请君细看檐前燕，新雏老鸟各成双。
枯树亦盼春雨润，晚霞常伴夕阳红。
忍得一时风浪静，退让数步天地宽。
宁可自身受委屈，不使爹娘太心伤。
继父继母有偏见，冷言冷语等闲看。
爹娘不幸身丧世，无须鼓乐闹喧天。
扶柩送终尽子职，按节祭扫把坟添。
父母生前不孝敬，死后讲孝成空谈。
灵前千滴怜离泪，不及一句慰亲言。
墓前百杯祭亲酒，莫如敬亲一碗汤。
山珍海味灵前摆，亡灵何能到嘴边。
不如在生敬一口，即使淡饭亦香甜。
抚心百问无愧疚，举头三尺有青天。

拙笔写出世情事，警钟敲醒梦中人。
善恶因果无差错，孝逆报应有承传。
为人时常敬父母，便是世间好儿男。
但愿世人皆孝道，和风瑞气满人间。

第四篇　天下父母心

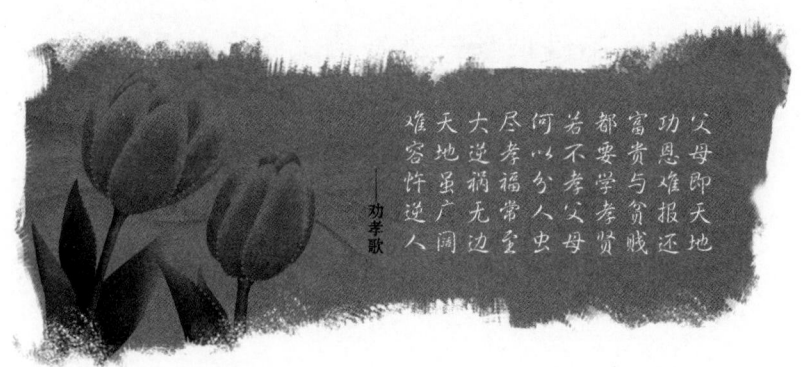

父母即天地
功恩难报还
富贵与贫贱
都要学孝贤
若不孝父母
何以分人虫
尽孝福常至
大逆祸无边
天地虽广阔
难容忤逆人
——劝孝歌

给你生命的是父母,为了你的健康,为了你的安危,为了你的成长成才……不惜牺牲一切乃至生命的也是你父母。天下父母之爱最无私、最圣洁、最感人、最值得人们讴歌。

断指救儿

这是我30多年前在报刊上看到的一则报道。

1976年7月28日,唐山发生大地震,母子俩被深深地埋在废墟下面,母亲半个身子被混凝土板卡着动弹不得,七八个月大的婴儿在她身下却安然无恙。数天后,已是8月了,当救助队员发现她们母子时,母亲刚刚咽下最后一口气,而那婴儿口里还含着母亲的食指。抱起孩子,发现母亲的食指只剩下半截。原来,母亲在危难中一直用乳汁延续着孩子的生命。乳汁吸干了,她就拼命咬断自己的指头,用鲜血让孩子存活了下来。

善待父母

相传，安徽省太和县有位叫杨辅的人。因他父母只生下他一人，对他疼爱有加。为了他的前程，父母辛勤劳作，节衣缩食地供他读书。可是，由于杨辅天赋不足，尽管刻苦攻读，到头来还是功名无份，从10多岁一直考到30岁，科科落榜。

10多年的科场挫折使杨辅心灰意冷，感觉人生无常，便立志信佛修道。后来，他听说四川省有个无际大师，道法高深，他决心拜他为师。于是，杨辅不顾父母的反对，经过几千里辛苦跋涉来到四川。真是功夫不负有心人，初冬时节，杨辅终于遇见了无际大师。

无际大师面对这位风尘仆仆的汉子，便问他何方人氏？家境怎样？到四川省来寻他何干？杨辅一一如实回答。

无际大师听罢，便微笑着对杨辅说："你要拜我为师，何不直接去拜佛。"杨辅说："老师父，我很想见佛，但不知道佛在那里？敬请老师父明示。"无际大师说："你现在赶快回家，半夜时分叩响家门，看到身上披着棉被，脚上倒穿鞋子的，那就是佛了。"

杨辅听了无际大师的话，深信不疑，急忙辞别大师，启程回家。经过一个多月的跋涉，终于回到家乡。

这时已近腊月，天寒地冻，冷风嗖嗖。杨辅遵照大师的嘱咐，挨到当夜三更时分，他才叩响自家的大门，呼唤爹娘开门。

此刻，杨辅的母亲忽然听到宝贝儿子在这寒夜回家，高兴得从床上跳下来，衣服也不穿了，胡乱抓起床上那床棉被披在身上，鞋子穿倒了也全然不觉，匆匆忙忙地上前开门迎接她的爱子。杨辅看到披着棉被，倒穿着鞋子的母亲，顿时恍然大悟，明白了父母便是无际大师所说的活佛。

从此之后，杨辅一心勤耕力作，竭力孝敬父母，在物质方面尽量满足父母，在精神方面尽量使父母快乐，成了出名的孝子。

后来，杨辅享寿80岁，儿孙满堂，家道殷实，家庭和谐。临终之时，用《大集经》上的一句话语告诫儿孙说："世若无佛，善事父母，事父母即是事佛也。"

正是：古德有云：

　　堂上有佛二尊，恼恨世人不识。
　　不用金彩妆成，非是旃檀雕刻。
　　即今现在双亲，就是释迦弥勒。
　　若能孝敬与他，何用别求功德。

雪地上的血路

在东欧，有一对母女，母亲因丈夫早丧，加上失业，生活无着而被迫当了几年三陪女。后来，13岁的女儿总觉得母亲的地位卑贱，使她在人面前抬不起头，尽管母亲终日忙碌辛苦，处处为她着想，也不能使她快乐。

2002年2月，母女俩来到阿尔卑斯山滑雪。在滑雪中，母女俩因缺乏滑雪经验而偏离了滑雪道而迷了路，中途又遭遇雪崩，母女俩在雪山中挣扎了两天两夜，几次看见前来搜救她们的直升机，都因她俩穿的是银色滑雪装而未被发现。终于，女儿因体力不支昏了过去。

女儿醒来时，发现自己已经躺在医院里，可母亲已不在人世。医生告诉她，是她的母亲用生命救了她。原来，母亲割断了自己的动脉在雪地里爬行，用鲜血染成了一道长长的殷红血路，让直升机发现了目标。

十七年的卖血之路

这是我两年前在《感悟母爱》一书中看到的一篇真实的故事。

40多年前,王洪琼降生在四川省奉节县白帝镇凉水村。4岁那年,父母相继去世,留给她和半岁的弟弟的是一间摇摇欲坠的茅草房。两个孤苦无依的姐弟被当地的生产队收养起来。半年后,经人劝说,王洪琼不得不把年仅一岁的弟弟送给人家。那一天,当一个外地男人将弟弟接走时,王洪琼哭喊着追了将近二里路……

10多年后,一位远房亲戚为这个苦命的女子物色对象。可是,远近却没有人愿意接纳这个相貌平常、一贫如洗的妹子。

有一天,王洪琼又跟着人来到新城乡堰沟村相亲时,她的眼睛顿时瞪直了,站在她面前的是个矮小、痴呆、说话结巴的,名叫苏兴强的男人。

王洪琼的心在滴血,她想拒绝,但无家可归的现实使她不得不往好处想:这个男人虽然傻一点,但他家有两间瓦房,离城又近,比起自己流浪的生活已是好得多了。经过几个昼夜的思考,她答应了。

不久,这个拥有10口人的大家庭分了家,王洪琼与丈夫分得一间破陋的瓦房,一床破烂的棉被。

1974年正月初三,王洪琼生下了一个男孩。她笑了,老实巴交的男人也乐得合不拢嘴。然而,笑容未消,忧虑却袭上心头:"大人都养活不了,儿子拿什么养活呢?"王洪琼躺在用竹片搭成的"床"上,仰望着结满蛛网的房顶,心中阵阵酸楚。

她苦着自己,尽心尽力地疼爱着儿子、丈夫。只要家里有点大米、玉米，她总是先满足他俩，而自己则顿顿用青菜应付。眼看儿子一天天长大，虽不那么健壮，却也活泼可爱，王洪琼感到很大的慰藉。

儿子苏龙兵5岁那年，突然出了麻疹。王洪琼从来没见过症状，吓得手忙脚乱。邻居说："小儿出麻疹很正常，过几天自然会好的。"

王洪琼信以为真，照常外出挣工分。次日，她正在地里干活，丈夫突然跌跌撞撞地跑来说："儿子哭着哭着就没声音了。"王洪琼赶紧回家一看，儿子的嘴唇已经干裂了，遍身虚汗淋漓。她知道大事不好，赶紧抱起孩子朝医院跑，可伸手往口袋里一摸，身上仅有五角钱，医院怎么肯收治儿子呢？

王洪琼只得哭着将儿子抱回家，四处向人打听治疗麻疹的草药"偏方"。

村里的人终于帮她打听来了偏方，她背上篓筐便上了山。她在山上急急忙忙四处寻觅着，突然，她的前脚踩空，连人带筐滚下100多米深的山沟。也许是上天的怜悯，她居然还活着，但头破了，手伤了。她捂着头再次往山上艰难地爬去……

回到家里，她撕了一条破布将头包好，赶紧给儿子熬药。一天天过去，儿子喝了药后依然哭不出声，王洪琼狠了狠心——借钱也要送儿子去医院！她找公婆，求邻居，可那时的乡民因她家穷，不肯借钱给她！急疯了的她不得已只好跑到信用社请求贷款。可信用社只能给集体贷生产用款，私人贷款根本不可能！王洪琼长跪不起，一个劲儿磕头，鲜血都磕出来了。信用社干部见状扶起了她，破天荒贷给她200元。

200元钱在医院里很快用完了，眼见医院要停药，王洪琼急得在病房外嚎啕大哭，再找信用社已不可能，怎么办呀？这时，一个人走了过来，悄悄教她一个找钱的法子：卖血！

很快，王洪琼战战兢兢地用300cc血浆换来了30元钱，一个星期后，她又换了名字卖了一次血。靠着这卖血换来的60元钱，儿子又开始新的治疗。可是，医生最终还是告诉她：耽误治疗的时间太长，儿子哑了！王洪琼当场昏了过去，醒来后，流着泪背着儿子回了家。

儿子残废了，身体极其虚弱，王洪琼决定用赎罪的心理调养他，便又一次次偷偷跑到县人民医院卖血，用这些钱为儿子买来鸡蛋、大米；而她和丈夫天天却吃着青菜、红薯、洋芋。儿子的身体渐渐好起来，她的身体却越来越差，几次晕倒在田间、屋内。但她知道丈夫靠不住，依然用瘦小羸弱的身躯支撑着这个贫苦的家。

1982年12月30日，王洪琼又生了个小儿子苏剑。她把整个身心都倾注在小儿子身上，寄望他将来能拯救这个贫苦的家。

11个月后，小儿子发起高烧。无钱的王洪琼以为没什么大问题，只是去买了几片阿司匹林。然而她却大错特错了。几天后，儿子的烧不但不退，嗓子也喊不出声音！有了一次教训的王洪琼心头一下子寒透了。她慌忙再去求信用社贷了300元，又偷偷跑去医院卖了300cc血。小儿子被赶紧送进医院。医院告诉她："你儿子连续一周发了40度高烧，很可能会成哑巴！"

王洪琼一听，脸色马上被吓得煞白。她瘫倒在医生面前说："医生，求求你，我的大儿子已经哑了，你千万要救救我的小儿子啊！"王洪琼急疯了，她在这段时间里几乎一个月卖一次血。儿子被烧得张大着嘴巴，便嘴对嘴地给儿子喂开水、服药……

然而，一切努力都无法挽救小儿子，她的小儿子又哑了！王洪琼垮了，她决定自尽。她想最后尽一次母亲的义务，用卖血的钱买了儿子最爱吃的东西和一瓶农药。回到家中，看到两个不懂事的哑巴儿子抢着吃糖果时，她的心在滴血。

"儿啊！妈对不起你们！"她在村外的山上转了一圈又一圈，当她回家准备最后再看一眼儿子、丈夫时，寻死的勇气一下子消失了。傻乎乎的丈夫蜷缩在灶门前，两个残废的儿子在床上无声地玩耍。"我死了，他们怎么活下去啊？"

1993年9月，王洪琼到县城卖菜，听说县里办了一所聋哑学校，不觉心里一动：何不将11岁的小儿子送来读几年书？尽管到此时她还有100多元的欠债，但她还是决定给儿子一个读书的机会。

"村里还有健康儿子无法读书,你让哑巴儿子读书能负担得起吗?"很多人都劝阻她,但她有她的想法:儿子哑了,可只有让他读书,将来才能在社会立足,没钱,我再去卖血!大儿子智力太差,年龄又大,只能把小儿子带到奉节县聋哑学校。当听说学生必须每个月交30元生活费时,她吃了一惊!

一贫如洗的王洪琼迟疑了一下,终于咬了咬牙说:"老师,下午我就把生活费交来。"半个小时后,她来到医院门口,转了一圈又一圈,迟迟疑疑不敢进去。她到这里的次数太多了,医生早已熟悉了她,按规定,卖血至少要隔三个月,可她前个月刚来卖过一次血。果然,当她进去之后,医生认出了她:"你不要命啦!"这不能怪医生,无论是从医院的制度还是从职业道德来讲,医生都不能同意。

王洪琼又跪下了:"我儿子是个哑巴,今天我送他来城里聋哑学校读书,他欢天喜地,可人家要交钱,我总不能让儿子失望呀!"

医生感动得摇头叹息,一挥手,又给她抽了300cc。

王洪琼捧着80元钱(此时已由30元涨至80元),40年来从未如此高兴过,尽管眼冒金星,她还是在大街上为儿子买回了学习用品和日用品,而后又到学校交了生活费。

苏剑看到书包,欢天喜地地一把抢过。可他哪里知道,这是妈妈用鲜血换来的呀!

此后,为了解决苏剑每月30元的生活费,王洪琼每隔2至3个月便要悄悄地去卖一次血。

1994年3月,王洪琼为了给苏剑凑齐下学期的学费,连续两次到医院卖血。由于卖血过频,加上严重营养不良。一天,正在灶前煮猪食的她突然昏倒,右脚不知不觉伸进了灶洞。

王洪琼彻底失去知觉,火红的热炭烫焦了她的脚掌,她却浑然不知,恰好被外出干活的大儿子收工回家发现,赶紧使出吃奶的气力将烧伤的母亲抱到床上,跪在母亲的床前咿咿呀呀地大声哭喊着。

苏剑被乡亲们唤了回来,当乡亲在路上用手语告诉他,母亲为了让他读书，已经连续卖了10多次血时，12岁的苏剑顿时张大着嘴，泪流满面，发疯似的向家里跑去……

苏剑一步一跪地扑倒在母亲床前，用幼稚的双手拼命比划着："妈妈，妈妈，我再不念书了，你的血会抽光的呀！"

王洪琼怎能不让儿子读书呢？可是小苏剑从此却变成另一个人了。他一回家，便抢着帮妈妈干活，在学校里，就是课间休息也抱着书埋头苦读。他的智力一般，可是为了报答母亲而竭尽全力读书。

1994年下半年的全省统考中，苏剑的语文考了96分，数学考了97分位列全市的前列。

那一天放学，他便捧着试卷飞奔回家，撞开家门，扑地一声跪到在母亲跟前。王洪琼被小儿吓了一大跳，等她看到儿子捧过头顶的试卷时，喜极而泣，把儿子抱得好紧好紧！

小苏剑用勤奋换来优良的成绩宽慰着母亲，王洪琼从此有了笑容。17年间，她共卖了约2万cc鲜血，照此数字计算，她身上的血大约被抽光了5次。她的笑容来得太迟了。

王洪琼卖血养家及送子求学的境遇是当地一段令人心酸的美谈，她的淳朴乡邻从来不吝于向她伸出援助之手。尽管他们同样过着贫困的生活，但总是用几块钱、几个鸡蛋资助着她那苦难的一家。

1994年教师节，奉节县石油公司的领导到聋哑学校慰问教师，当听到王洪琼卖血送子求学的经历之后，感动得流下热泪，当即捐出一笔钱。王洪琼卖血送子求学的事迹也通过新闻媒体披露出来。

四川省化学工业厅领导、职工为奉节县聋哑学校捐赠了大批衣服，苏剑及其家人得到了20件半新衣裤，足够一家人穿上3年。

重庆银渝贸易公司一名员工3次打来电话，要把苏剑接到重庆聋哑学校读书。与此同时，该公司10多名青年志愿为他提供经济援助。

一个没有署名的山区贫困户居然也寄来50元钱。他在信中说："我们都很穷，但您的命比我们更苦。这点钱您就收下吧！走过17年漫漫卖血路的母亲，从此请您把自己的鲜血都留给自己！"

留下路标

相传很久以前,在一个偏僻的小山村中,沿袭着一个可怕的习俗:村中的老年人一旦到了不能行走的时候就得被自己的亲属或村民丢弃到深山密林之中,自生自灭。

村中有个名叫亚醒的穷汉子,自幼丧父,靠母亲含辛茹苦地拉扯他长大成人,娶妻生子。全家虽贫亦乐,母亲那因饱经风霜而布满皱纹的脸上时常挂着笑容。

可是,母亲却有许多奇怪的生活习惯,每日三餐死活都不肯同儿孙们一起吃饭,一定要等到他们全都吃饱之后,才包揽余下的残羹剩菜;几件破旧不堪的衣服穿了10多年,补了又补,就是不肯换件新的。每当儿媳下地干活,她便独自在家照顾孙儿,洗衣煮饭,饲猪养鸡,把里里外外打理得井井有条。有一次,家中丢失了一只母鸡,母亲万分心痛,竟然一连三天不吃饭,用此方式节约粮食来补偿母鸡的损失和弥补自己的过失。

由于长期营养不良,积劳成疾,母亲未满60岁便百病缠身。终于有一天,两腿突然不听使唤了。亚醒的妻子见时机已到,便催促丈夫按照村俗将婆婆抛弃到山林中。亚醒虽然心有不忍,但也无法违抗严厉的村规和妻子的命令,只得无可奈何地点头同意,对母亲说:"娘,数十年来您为儿受尽千辛万苦,从没过上一天好日子。今天儿想背您老人家到外面游玩。"母亲一听也就点头同意。

亚醒背着老母走了10多里路,来到一座莽莽的深山密林,沿着蜿蜒崎岖的山路,走了进去。不知怎的,母亲在儿子的背上在沿途不时地折断路旁的树枝。亚醒猜透母亲的用意——为事后设法回家时留下路标。为了彻底使母亲迷失回家的方向，亚醒故意四处兜圈子，一直走到天黑，累得气喘吁吁，来到山林深处的一棵大树下才把母亲放下来。

这时，夜幕已笼罩山林，四周一片黑暗，树木闪现出怪影，夜莺不时发出一声悠长凄厉的啼叫，给原本可怕的气氛平添了几分恐怖。亚醒不禁打了一个寒战，怯生生地对母亲说："娘，您口渴了，待孩儿去为您找水来喝吧。"母亲一听，却平静地回答说："儿，不必了。天色已晚，你赶快回家，妻儿们正在苦苦等着你，娘只希望你今后要好好地把孙儿养育成人。"亚醒闻言，心头不由阵阵酸楚，正待转身，母亲又把他叫住，将一盒火柴和一把镰刀塞到他的手中，继续对他说："儿，为娘几十年来在这一带砍柴割草，无数次进进出出，路径总比你熟。此时山深林密，天黑路险，说不定还有毒蛇猛兽出没，你孤身一人是很难走出去的。快用这火柴点起火把照明，握紧镰刀防身，沿着刚才被我折断的路旁小树，平安回家……"听到这里，亚醒顿时犹如五雷轰顶，万箭穿心，两腿不由得一软，扑通一声跪倒在老娘跟前，大哭说："娘，儿真没良心，真对不起您啊！我要背您回去，不管内外有多大的压力和阻力，今后一定要好好地侍奉您老人家终生。"

父母的爱和儿女的孝本是双向的，下面这个故事，却不是"种瓜得瓜，种豆得豆"，而是种花却收了荆棘。其寓意深刻，耐人寻味。

孽子丘孝

相传有个富商，姓丘名仁。年近半百之时，老伴才产下一子。有道是：老年得子胜似老蚌生珠，老夫妻因此乐得几个昼夜合不上眼。此后，他俩把丘家这根独苗当作掌上明珠，取名阿孝。

阿孝自幼养尊处优，锦衣玉食，呼奴使婢，目空一切，在家犹如小皇帝，出外像似小霸王。父亲长年外出经商，对他缺少管教。母亲只知对他一味溺爱，百依百顺，由此，终于造成他性格野蛮顽劣，骄矜狂妄，小小年纪，除了父母之外，里里外外的人都十分讨厌他。

阿孝七岁那年，入学还没三天就成了害群之马，整天不是打同学就是骂先生，把课堂闹翻了天。先生无奈之下施加戒尺惩罚，丘母闻知，不管是非就携子登门向先生凶了一通，老师再也没办法管了。结果，阿孝读了三年书转换了九个学馆，斗大的字识不到一箩筐。后来，因坏得出名，远近学馆都把他拒之门外，他便索性丢掉书本流入社会，成了小混混。此时，父母才意识到这小子已被惯坏了，长此发展下去，后果不堪设想，须当对其严加管教，可是为时已晚，阿孝已"病入膏肓"，无可救药，父母只能顿足捶胸，无可奈何！

随着年龄的增长，阿孝混成了一个大流氓，终日勾结一帮恶棍烂仔，闯荡街头，寻花问柳，寻衅斗殴，吃喝嫖赌，为非作歹。父母若敢对他斥责，他轻则恶语相对，重则拳脚相加，最后竟把父亲活活气死。

丘父死后，阿孝更加肆无忌惮。不久，从外边带回一个叫阿花的女人，两人臭味相投，成了一对鸦片伴侣，赌场伙计，酒肉鸳鸯。不到三年，便把父母一生辛苦积攒的百万家产挥霍得一干二净。渐渐地，到了变卖家产度日的境地。

一天午夜，阿孝酒后回家，经过母亲房前，骤然听到母亲在梦中呓语，口里不停地喃喃念着："我…我要藏钱……"。阿孝听后心头一动，猜想母亲必然还藏着钱。次日早上，趁母亲外出之机，撬开房门，翻箱倒柜地搜了大半天，结果丝毫不见钱银的影子，只有母亲准备自己过世时用的寿衣，堆放在那只旧箱子里。阿孝便把这些寿衣悉数拿到当铺典当了，买些肉酒回家与阿花大吃大喝起来。

中午，丘母回家，见阿孝他们俩在扬筷碰杯，喝酒吃肉，便上前讨点充饥。阿孝见状把脸一沉，随手从地上捡起一块被丢弃的猪蹄骨递过去。丘母说："我这般年纪，怎啃得了这块骨头？"阿孝冷笑地说："这猪脚我已帮你剥掉了皮，你还不满意？好吧，想吃肉有的是，快把藏着的私房钱交出来！"丘母闻声心头一惊，急忙连声申辩。阿花在一旁看得不耐烦，便从门扇后面取出一根竹棍，怂恿阿孝动武。阿孝觉得有道理，马上接过竹棍，对着母亲恶狠狠地举起……

丘母早已被儿子打怕了，眼看又要遭受皮肉之苦，不得已供认还有几两碎银子，是她平时一分一文积攒起来的，藏在箱子里面的寿衣之中。阿孝闻说之下，犹如当头一棒，又心疼又悔恨，随即破口大骂母亲："你这老家伙，若早点实说，我就不会将那些'死人衣裤'全都典进当铺里，真是人有晦气，连当东西还得倒贴钱。"丘母听说败家子竟连她的寿衣也拿去当掉，立刻心如刀绞，老泪纵横，满怀悲愤却无处倾诉。只有跌跌撞撞地转身走出家门，一步一泪地来到南山冈上亡夫的墓碑前，跪倒地上，呼天号地地嚎啕大哭起来。哭着哭着便昏倒过去。不知过了多久，丘母被阵阵喝骂声惊醒过来，睁开肿胀的双眼，只见逆子和恶妇凶神恶煞地站在身旁，一个手执竹棍、一个拿着绳索，要她帮忙抬一块石板回家当作板凳。丘母此时又悲又恨，又渴又饿，但又无法抗拒，只得听从。这石板足有二百斤重，阿孝用绳索把它绑紧之后系上竹棍，叫母亲在前面扛抬那截短的，自己却在后边抬那截长的，还叫阿花帮忙搀扶。

丘母年迈力弱，咬紧牙关，用尽气力往上一抬，顿时浑身颤抖起来，只踉跄两步，便眼冒金星，两腿一软，跌坐在地上。阿孝见状破口大骂："无用的老东西，只会吃饭，不会干活，我已主动抬这截长的了，照顾你抬那截短的啦，你还假死假活的。"

此刻已近黄昏，四野寂静无人。阿花眼见时机已到，便对阿孝使了个眼色，两人乘母亲不备，一齐动手，用力将母亲推下山崖。山野之间回荡着一阵惨叫声……

丘母命不该绝，掉下山崖之后，只跌断了腿骨，划伤了皮肉，跌倒在山路边无法动弹。

这时，恰巧有个名叫阿厚的青年卖货郎路过此地，听得有人痛苦呻吟之声，便循声寻去，发现一位遍体血污的老妇蜷缩在山道旁，急忙上前把她搀扶起来，询问因何如此？

阿厚问明情由之后，不禁义愤填膺，表示要代丘母将这谋杀亲娘、十恶不赦的禽兽告上县衙治罪。丘母一听，却犹豫起来："虽然逆子罪孽深重，但万一被判成死罪，岂不绝了丘门香火？"沉吟片刻后，只好长叹一声，对阿厚说："恩人，算了吧！就让这恶人自遭报应吧！"

阿厚见丘母到此地步，恕子之心依然不灭，只好爱莫能助地摇头叹气，把丘母背回自己家中。

阿厚的妻子阿慧，见到丈夫从外边背回来一个身受重伤的老妇，急忙放下手中的活计，帮着丈夫把丘母安放在睡床上，一边小心翼翼地为丘母换衣服，洗净身上的血污，一边叫丈夫赶快请来医师为其诊治。

经过医师的悉心治疗和阿厚夫妇无微不至的关怀照顾，两个月之后，丘母的伤痛基本痊愈，能够下地走路了。

有一天一大早，丘母对着阿厚夫妻双膝下跪，叩谢救命恩情。阿厚慌忙将她扶起说："老人家，你我同是苦命之人。我自幼失去双亲，孤苦伶仃，非常羡慕人家有父母的关爱。您今被逆子抛弃，无家可归，不如就此长住我家,做我干娘,让我夫妻奉养您终生,不知尊意如何?"

丘母本来自恨一时无能报答阿厚夫妻的深恩大义,万没想到他俩竟然还要认她这个苦命的孤老婆子为干娘,顿时既感激又惭愧,两眼热泪盈眶,连声婉言辞谢。后来,见阿厚夫妻着实是情真意切,只好含愧答应了。

从此,阿厚夫妻对丘母百般孝顺。可是,丘母却有点受宠若惊,欢慰之余未免有些犹疑:"自己万般关爱的亲生骨肉是何等的忤逆狠毒、素昧平生的干儿媳却这般至仁至孝,难道人情世理、人伦道德竟会如此悬殊倒置吗?"丘母百思不得其解,决定寻找机会试探阿厚夫妻。

有一天,丘母在家中帮忙"刮锅"(刮锅底烟灰)时,"砰"地一声,失手把铁锅打破了。阿厚闻声跑了过来,先对干娘浑身上下仔细地察看了一遍,见到干娘毫发无损,随即笑容满面地连声安慰干娘:"打破旧锅乃是鸡毛蒜皮的小事,只要老人家不受损伤便是万事大吉。"

过了几天,阿厚出门做买卖。阿慧单身忙着家务,丘母抱着两岁大的孙儿在玩耍。突然间丘母向前打了个趔趄,手中的婴儿便掉在地上,摔得"哇"地一声大哭起来。阿慧见状赶忙过来从地上抱起婴儿,笑着安慰婆婆说:"没关系,没关系,小孩个个都是在跌倒中长大的,只要婆婆平安无事就谢天谢地了。"丘母闻言顿时感动得热泪夺眶而出,一股暖流再一次涌上心头。

当晚,丘母把阿厚夫妻叫到跟前,悄声对他俩道出了多年来隐藏在心头的秘密:数年前,先夫丘仁眼见败家子阿孝已是劣性难改,无可救药,便暗地里偷偷在南山三叠石地方埋藏下两缸银子,以备老两口晚年无依无靠之时,取出度日。后来被逆子气得一病不起,临终之前,才将此事秘密告知老伴,再三告诫她千万不能轻易取出和走漏风声。时至今日,丘母决定将这批银子取出来献给这个温暖的新家庭。

阿厚夫妻听罢,连声推辞说:"母亲,这是您老人家的私人财产,我等何德何能受此重礼,万万不能当受。"可是,丘母却心坚似铁,非要他俩接收不可,阿厚夫妻只好从命。于是他们带齐锄头绳索,随着干娘悄然来到南山埋藏银子的地方。几经挖掘，果真从地里挖出两缸银元，大家欢欢喜喜地抬回了家中。

事后丘母用这些银子为阿厚一家建起了一座精致豪华的四合院，余下的一部分作为生意的资本。一家老小四口共享天伦之乐，过上了兴业发家、和谐幸福的生活。

一年后的一天早晨，丘母闻听门前有乞讨之声，便盛了满满一筒白米前去布施。当她走到门口一看，顿时两眼发直，脑袋瓜不禁"嗡"的一声，手中的白米不觉掉落，撒了满地。原来，眼前这两个蓬头垢面，衣衫褴褛的乞丐竟是逆子阿孝和恶妇阿花。丘母心头即刻好像被灌进了一盆辛酸苦辣的五味汤，"砰"的一声关上了门。

且说阿孝夫妻，他俩去年把老母推下山崖之后，满以为神不知鬼不觉，从此人少一口，米少一斗，不用再为这老婆子扶生送死，两口子可以逍遥自在。哪知道坐吃山空，不久之后竟将那唯一的一张睡床也卖掉了，落得夜间席地而眠。

一天深夜，阿孝在梦中突然被一阵剧痛搅醒，却是一只可恶的老鼠正在啃咬他的脚趾。阿孝勃然大怒，跳起身来，叫醒阿花，关紧门窗，两人合力捕捉老鼠。经过一番忙乱折腾，老鼠终于被捉住了。阿孝正要将它打死，阿花却说，就这样轻易打死太便宜了它，必须将它慢慢折磨，用火焚烧，方解心头之恨。阿孝觉得有理，便用绳子绑紧老鼠尾巴，叫阿花取来煤油浇在鼠身，划亮火柴点上，刹那间，"呼"地一声，老鼠变成一团火球，痛得"吱吱"叫，求生的本能使它拼命挣扎，绳子也被烧断，老鼠就满屋乱窜，所到之处，衣服、柴草、杂物都被接触燃烧。霎时间，满屋浓烟滚滚，烈火腾腾，任由阿孝夫妻奋力扑救，大火却越烧越旺，两人大惊失色，赶紧逃了出去，高声呼救。

这时，邻居村民都在睡梦中被这场火爆声、呼救声惊醒，纷纷跑出家门看个究竟。当人们看清是阿孝家中失火时，个个不禁拍手称快，没人愿意出手帮忙救火！并非他们都幸灾乐祸，只是因阿孝一贯在家虐待双亲，出外欺凌乡亲，臭名昭著，恶迹昭彰，大家早已恨不得每人一口唾沫把他淹死。加上他是一座独立的四合院，怎么烧也不会殃及四邻。

就这样，片刻之间，丘家房屋被烧得仅剩下几截断垣残壁。阿孝夫妻虽保住了性命，但已无处栖身，无计度日。邻里百姓谁肯接济这两个"瘟神"，往日那帮猪朋狗友没人再愿意接触这两个穷鬼。万般无奈，夫妻俩只有流落他乡，留窑宿庙，沿街乞讨，不知不觉中来到阿厚家门前，想不到竟见到了虽遭毒手却大难不死的母亲。

阿孝夫妻认出了眼前这位身居豪宅、衣着华丽的老妇人正是母亲。起初大吃一惊，以为是大白天见鬼了，直至母亲关上大门方才回过神来，明白了眼前事的确是千真万确的事实。阿孝心头又不禁一动，暗忖：母亲去年未被摔死，却被这富户人家收留。此时自身穷途末路，何不抓住母亲心慈手软的弱点，爱子如命的性格，来个苦肉计？或许能使母亲回心转意，可获一笔意外之财。想罢便与阿花一阵耳语之后，双双跪在门前，一把鼻涕一把泪地大声号哭，哀求老母念及骨肉之情，宽恕晚辈的罪过，体恤他俩的困境。开门相认，酌情资助。

且说丘母，虽然对逆子恨之入骨，避而不见，但此时此刻却百感交集，心乱如麻。门外的哀哭声像利针一样刺痛着她的心。回想当初10多年里，受尽养育逆子之苦，却因本身晚年得子乐而忘形，只晓得对儿子过度的偏袒放纵，却忽视了对他严正的道德教育，导致他顽劣成性，步入邪道，迷途不返，害得老伴死不瞑目，自身又备受折磨乃至惨遭毒手，最终落得个家破人散、流离失所的悲惨下场。这一切虽然归咎于逆子之罪孽深重，但扪心自问，自身可完全推卸教子无方的责任吗？眼下这逆子恶妇死皮赖脸地纠缠不休，出尽家丑，长此下去，将如何是好？丘母经过一番苦苦思索之后，出于骨肉之情未泯和自责，还是边叹息边取出30两银子来到窗口，高声说道："无耻畜生，拿去吧！今后倘若再来纠缠，定要报官究治。"说完，便将银子掷出了窗外。

这样一来，阿花顿时见钱眼开，破涕为笑，飞快地从地上捡起银子塞进怀中，同时阿孝见此招果然奏效，又想得陇望蜀，马上跑到窗边，恳求母亲再度馈赠，谁知母亲却将窗门关上了。阿孝眼看如意算盘落空，只得转身，回头却不见阿花的踪影，顿时心头一紧，料定这贱货企图独吞银子而逃走了，便大步流星地追寻过去，一直追到街中，终于把阿花一把抓住，破口大骂，要她交出银子。阿花到了此时也不示弱，双方就在街上推搡扭打起来……阿孝用力过猛把阿花推倒在街边，"卟"的一声，脑袋撞在一块石板之上，顿时血如泉涌。直到围观的人们正想上前抢救时，阿花却一命呜呼了。

　　血案发生了，凶手阿孝当即被差役扭送到县衙。结果定了个失手杀妻之罪，收监候判。不久，阿孝就病死在大牢中。

哑巴父亲

从死神那里，我的哑巴父亲把我的生命抢夺回来。

辽宁北部有一个中等城市——铁岭。在铁岭工人街街头，几乎每天清晨或傍晚你都可以看见一位老头儿推着豆腐车慢慢走着，车上的蓄电池喇叭发出清脆的女声："卖豆腐，正宗的卤水豆腐，豆腐呀……"

那声音是我的，那个老头儿是我的父亲，父亲是个哑巴。直到长到20多岁的今天，我才有勇气把自己的声音放在父亲的豆腐车上，替换下他手里摇了几十年的铜铃铛。

两三岁时我就懂得了有一个哑巴父亲是多么屈辱，因此我从小就讨厌他。当我看到有的小孩被大人使唤着过来买豆腐，不给钱就跑，父亲伸直脖子也喊不出声音的时候，我不会像大哥一样追上那孩子揍他两下，我只是伤心地看着那情景，不吭一声。我不恨那孩子，只讨厌父亲是个哑巴。尽管我的两个哥哥每次帮我梳头都疼得我龇牙咧嘴，我也还是坚持不让父亲给我扎小辫子。我一直冷冷地拒绝着我的父亲。妈妈去世时只留下大幅遗像与她出嫁前和邻居家阿姨的一张合影，黑白的两寸照片。父亲被我冷漠对待的时候就翻过支架方镜的背面看妈妈的照片，直看到必须要干活了，才默默地离开。

我要好好念书，上大学，离开这个人人都知道父亲是个哑巴的村子，这是我当时最大的心愿。我不知道哥哥们是如何相继成家的，不知道父亲的豆腐坊里又换了几根新磨杆，不知道那冬来夏至磨得没了沿锋的铜铃铛响过多少村村寨寨……，只知道仇恨般对待自己的父亲，发疯地读书。

我终于考上了大学，父亲特地穿上了一件新缝制的蓝褂子，坐在傍晚的灯下，表情喜悦而郑重地把一堆还残留着豆腐味儿的钞票送到我手上，嘴里哇啦哇啦不停地"说"着。我茫然地听着他的热切和骄傲，茫然地看他带着满足的笑容去"通知"亲戚、邻居。当我看到他领着二叔和哥哥们把他精心饲养了两年的大肥猪拉出来宰杀掉，请遍乡亲父老庆贺我上大学的时候，不知道是什么碰到了我坚硬的心弦，我哭了。吃饭的时候我当着大伙儿的面给父亲夹上几块猪肉，我流着眼泪叫道："爸爸您吃肉"，父亲听不到，但他知道了我的意思，眼里放出从未有过的亮光，泪水和着高粱酒大口地喝下。我的父亲是真的醉了，他的脸那么红，腰杆儿那么直，手语打得那么潇洒，要知道，18年啊，他见过几次我对着他喊"爸爸"的口型！

父亲继续辛苦地做着豆腐，用带着淡淡豆腐味的钞票，供着我读完大学。1996年，我毕业分配回到了距我乡下老家40里的铁岭。

安顿好一切之后，我去接一直单独生活的父亲来城里享受女儿迟来的亲情，可就在我坐着出租车回乡的途中，我遭遇了车祸。

出事后的一切是大嫂告诉我的：

过路的人中有人认出我是老涂家的三丫头，于是，手脚麻利的大哥大嫂二哥二嫂都赶来了，看着浑身是血不省人事的我哭成一团，乱了阵脚，最后赶来的父亲拨开人群，抱起已被人断定必死无疑的我，拦住路旁一辆大汽车，他用肩扛着我的身体，腾出手来从衣袋里摸出一大把卖豆腐的零钱塞到司机手里，然后不停地画着十字，请求司机把我送到医院抢救。嫂子说，他从来没见过懦弱的父亲那样坚强而有力。

在认真清理完伤口之后，医生让我转院，并暗示大哥二哥，准备后事吧，因为当时的我，几乎量不到血压，脑袋撞得像个瘪葫芦。

父亲扯碎大哥绝望之时为我买来的寿衣，指着自己的眼睛伸出大拇指，比划着自己的太阳穴，又伸出两个手指指着我，再伸出大拇指，摇摇手，闭闭眼。大哥终于忍不住哭了。父亲的意思是说："你们不要哭，我都没哭，你们更不要哭。你妹妹不会死的，她才20多岁，她一定行的，我们一定能救活她。"

医生仍然表示无能为力，他让大哥对父亲说："这姑娘没救了，即使要救，也要花很多的钱，就算花了很多的钱，也不一定能行。"

父亲一下子跪在地上，又马上站起来，指指我，高高地扬扬手，再做着种地，喂猪，割草，推磨杆的姿势，然后掏出已经掏空的衣袋，再伸出两只手反反正正的比划着，那意思是说"求求你们了，救救我女儿吧，我女儿有出息，了不起，你们一定要救她。我会挣钱交医药费的，我会喂猪，种地，做豆腐，我有钱，我现在就有四千块钱。"

医生握住他的手，摇摇头，表示这四千块钱是远远不够的。父亲急了，他指着哥哥嫂子，紧紧握住拳头，表示"我还有他们，我们一起努力，我们能做到。"见医生不语，他又指着屋顶低头跺跺脚，双手合起放在头右侧，闭上眼，表示："我有房子，可以卖，我可以睡在地上，就算是倾家荡产，我也要我女儿活过来。"又指指医生的心口，把双手放平，表示："医生，请你放心，我们不会赖账的，钱，我们会想办法。"

大哥把手语哭着翻译给医生，不等译完，看惯了生生死死的医生早已潸然泪下！

伟大的父爱，不仅支撑着我的生命，也支撑起医生救我的信心和决心，我被推上了手术台。

父亲守在手术室外，他不安地在走廊里来回走动，竟然磨破了鞋底！他没有掉一滴眼泪，却在守候的10多个小时里起了满嘴大泡！他不停地混乱地做出拜佛、祈求天主的动作，恳求上苍给女儿性命！

天地动容，我活了下来。但半个月的时间里，我昏迷着，对父亲的爱没有任何感应。面对已成植物人的我，人们都已失去了信心，只有父亲，他守在我的床边，坚定地等我醒来！他粗糙的手小心地为我按摩着，他不会发音的嗓子一个劲儿地对着我哇啦哇啦地呼唤着，他是在叫："云丫头，你醒醒，爸爸在等你喝新磨的豆浆！

为了让医生护士对我好，他趁哥哥换他陪床的空当，做了一大盘热腾腾的水豆腐，几乎送遍了外科所有的医护人员。尽管医院有规定不准收病人的东西，但面对如此质朴而真诚的表达和请求，他们还是轻轻接了过去。父亲满足了，便更有信心了。他对他们比划着说："你们是大好人，我相信你们一定能治好我的女儿。"

这期间，为了筹齐医疗费，父亲走遍了卖过豆腐的每个村子，他用他半生的忠厚和善良赢得了足以让他的女儿穿过生死线的支持。乡亲们纷纷拿出钱来，而父亲也毫不马虎，用记豆腐账的铅笔歪歪扭扭却认认真真地记下来：张三柱，20元；李刚，100元；五大嫂，65元……

半个月后的一个清晨，我终于睁开眼睛，我看到一个瘦得脱了形的老头儿。他张大嘴巴，因为看到我醒来而惊喜地哇啦哇啦大声叫着，满头白发很快被激动的汗水濡湿。父亲，我那半个月前还黑着头发的父亲，半个月，好像老去了20年！

我剃光的头发慢慢长了出来，父亲抚摸着我的头，慈祥地笑着。曾经，这种抚摸对他而言是多么奢侈的享受啊！等到半年后我的头发勉勉强强能扎成小刷子的时候，我牵过父亲的手，让他为我梳头，父亲变得笨拙了，他一丝一缕地梳着，却半天也梳不出他满意的样子来。我扎着乱乱的小刷子，坐在父亲的豆腐车改成的小推车上街去。有一次父亲停下来，转到我面前，做出抱我的姿势，又做了抛的动作，然后捻手指表示在点钱，意思是要把我当豆腐卖喽！我故意捂住脸哭，父亲就无声地笑起来。我隔着手指缝儿看他，他笑得蹲在地上。这个游戏，一直玩到我能够站起来走路为止。

现在，除了偶尔头疼外，我看上去十分健康。父亲因此得意不已！我们一起努力还完了欠债，父亲也搬到城里和我一起住了。只是他勤劳一生，实在闲不下来，我就在附近为他租了一间小棚屋做豆腐坊。父亲做的豆腐，香香嫩嫩的，块儿又大，大家都愿意吃。我给他的豆腐车装上了蓄电池的喇叭。尽管父亲听不到我清脆的叫卖声，但他一定是知道的，因为他每当按下电钮，就会昂起头来，露出满脸的幸福和满足。

第五篇　古今孝贤

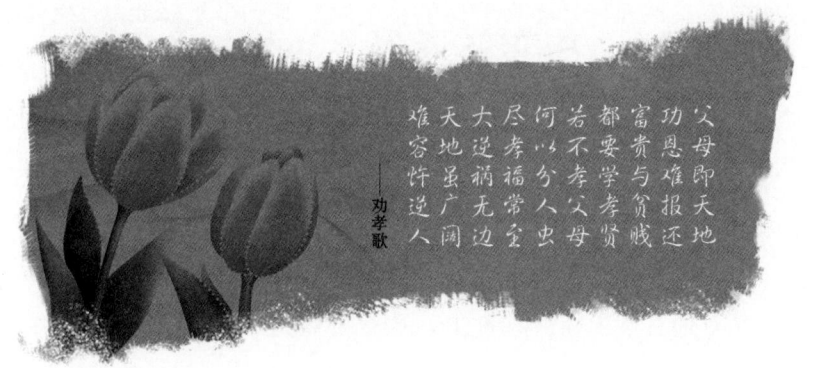

父母即天地，
功恩难报还。
富贵与贫贱，
都要学孝贤。
若不孝父母，
何以分人虫。
尽孝福常至，
大逆祸无边。
天地虽广阔，
难容忤逆人。

——劝孝歌

古往今来，有许多杰出之士青史留名，他们或叱咤风云，定鼎江山；或中流砥柱，威风八面；或著书立说，流芳百世……这是他们在社会上的角色，而他们在家庭中，又是有名的孝子。这样的人恒河沙数。这里讲述的，仅是信手拈来的几个例子而已。

孙思邈学医为治双亲病

唐朝著名医药学家孙思邈用毕生精力研究医药学，所著《千金方》记载了800多种药物和3000多个药方，对中国医药事业作出了重大贡献，史称"药王"。

孙思邈出生于陕西耀县的一个贫苦家庭，父亲是一名木匠。他7岁时，父亲得了雀目病（即夜盲症），母亲患了粗脖子病。有一次，父亲在锯木时看到思邈在一边发呆，便问他："孩儿，你长大也要做木匠？"他坚定地回答说："不，我要当医生，好给双亲治病。"父亲见他一片孝心，心里十分感动，次日便带他去城外一座大窑里上学。他12岁时，父亲又送他到草药医生张七伯家中学医。他见到师父家里堆满了草药，十分高兴，心想：要是在这些草药堆里找到能治好父母病的草药，该多好啊！

在3年学徒生涯中，他经常问这问那，常使师父为难。后来，他知道师父只会用一些土方治病，根本不懂药理。师父也看出了徒弟的心思，就对思邈说："你聪明好学，我不能误你前程，铜官县有位名医，是我的舅舅，你到他那里学医吧！"说完，还送了他一本《黄帝内经》。

孙思邈找到这位名医，在他那里苦学了一年，学业猛进。但即便是这位名医，也不懂如何治愈雀目病和粗脖子病，令他十分失望。

次年，孙思邈回乡行医。他不贪财物，医德高尚，渐渐有了点名气。有一次，他治好了一位病人的顽疾，病人愈后前来答谢，得知他父母也身患顽疾，就对他说："太白山麓有一位叫陈元的老医师能治你母亲这种病。"孙思邈听后非常高兴，次日便动身出发，一连走了半个月才寻到陈元,并拜他为师。陈元被他孝行感动,答应收他为徒。就这样,孙思邈终于学到治愈粗脖子病的秘方,但如何治雀目病还是毫无头绪。

一天,孙思邈问师父:"为何患雀目病的大多都是穷人,而富人却少见患此病?"

师父回答说:"你问的问题很有道理,不妨给病人多吃点肉试试看。"

孙思邈按照师父的话,让一位病人每天吃几两肉,病人试了一个月仍不见效。于是,他再翻遍大量医书,终于找到"肝开窍于目"的医理,于是叫那位病人改吃牛羊肝,不到半月果然见效。孙思邈便立即用在太白山学到的方法为父母治疗。不久,双亲的多年顽疾就痊愈了。

岳鹏举精忠尽孝

岳飞（1103年2月15日~1142年1月27日），字鹏举，谥武穆，后改谥忠武，河北（今河南）相州汤阴县永河乡孝悌里人。南宋民族英雄、军事家、抗金名将。

岳飞不但文武双全，品德高尚，而且是举世闻名的大忠臣、大孝子。

岳飞自幼丧父，家境贫寒，无钱购买纸笔。但他天资聪颖，勤奋过人，以沙为纸，以树（枝）为笔，以枯枝烧火为灯，刻苦读书，练习书法。母亲姚氏贤德出众，也是岳飞的启蒙老师。她每日劳作之余，教子读书识字，还经常向岳飞讲忠、孝、仁、义、礼、智、信、勇等故事，使其从小就理解了中国传统文化的精髓，并身体力行。

岳飞对母亲百般孝顺，与母亲在一起时总是全天伺候。每逢母亲生病，他便亲自为母调药换衣，无微不至。

岳飞少年时，已精通诗文书法，并拜周侗为师，苦练十八般武艺。

1125年秋天，金兵大举南侵，数月之间，占领了山西、河北大片地区，烽烟到处，生灵涂炭。

1126年初，金兵越过黄河，直逼宋朝国都开封城下。

此时，岳飞意欲投军抗金救国，但又不忍抛下体弱多病的母亲。母亲看穿了他的矛盾心理，便对他说："儿啊！昔时文昌帝曾作《元旦劝孝文》，称孝为人间第一事，但孝亲却有三个层次：低等的孝是在经济上使父母衣食无忧；中等的孝是使父母精神愉快；高等的孝是顺父母之志，成为父母所希望的有作为的人。眼下国难当头，匹夫有责，好男儿理应抛弃私心杂念，为国为民建功立业，大忠也即大孝。"事后，母亲在岳飞背上刺下"精忠报国"四字，勉励他为国立功。

岳飞在投军过程中，屡遭挫折，直到同年冬天，他才顺利投身刘浩军中。而后，他凭着卓越的军事才能和高强的武艺，每战皆捷，屡建奇功。17年之间，他由一名普通将士累功擢升至兵马大元帅。期间，他提出的"文官不贪钱，武将不惜死"的口号，堪称为历代官吏的行为典范。此外，他立下"冻死不拆屋，饿死不掳掠"的军令，也正是他军纪严明和爱民的真实写照。由于他严以律己，厚以待人，身先士卒，使得全军上下众志成城，深受百姓拥护爱戴。他用兵如神，外敌数十万强悍金兵，内平张用、杨幺、王善、曹成、李成、刘豫等十余股叛军，立下战功数百。因他创建的岳家军所向披靡，无坚不摧，使历来视宋军如草芥的金兵闻风丧胆，无不叹曰："撼泰山易，撼岳家军难！"

绍兴六年（1136）三月二十六日，岳母姚氏去世。岳飞和岳云等人扶着岳母灵柩，光着脚板徒步走到江州（今属江西省）的庐山。丧葬完毕，岳飞就留守在东林寺中为母守孝。按古代礼法，岳飞必须"丁忧"三年，即居官守丧，如有特殊情况方可"起复"。岳飞要坚持礼法，但满朝上下皆一致反对。宋高宗命宦官邓琮到东林寺请岳飞起复，岳飞"欲以衰服谢恩"，邓琮坚决不允，但岳飞"三诏不起"。最后，宋高宗对岳飞及其部下下达了严厉的警告，说岳飞"至今尚抵受起伏恩命，显是属官等并不体国敦请"，"如依前迁延"，致再有辞免，"其属官等并当远窜"。主战派李纲也单独给岳飞写信说："宣抚少保以天性过人，孝思罔极，衔哀抱恤"，恳切希望他不要"以私恩而废公义"，"幡然而起，总戎就道，建不世之勋，助成中兴之业"。岳飞终于下了决心放弃礼法，重返鄂州后带兵镇守襄汉。同时，将母亲之相貌形体木雕成像，时刻带在身边，晨昏顶礼膜拜，如同母亲在生之时。

绍兴十二年（1142）七月，岳飞经过长期艰苦卓绝的军事斗争，平定了内忧外患，巩固了南宋半壁江山。在此大好形势之下，正待第四次挥师北伐，荡平金国，统一大宋河山。可是，心地狭隘多疑的高宗赵构，本已嫉妒岳飞"功高震主"和拥兵自重，加上秦桧等奸臣长期以来对岳飞的诬陷，便决定偏安南宋一隅，不思进取，于同年7月10日，诏令岳飞班师。

岳飞鉴于完胜在望，便写了一封奏章反对班师："契勘金虏重兵尽聚东京，屡经败衄，锐气沮丧，内外震骇。闻之谍者，虏欲弃其辎重，疾走渡河。况近豪杰向风，士卒用命，天时人事，强弱已见，功及垂成，时不再来，机难轻失。臣日夜料之已熟矣！惟陛下图之。"

3天后，岳飞接连接到十二道金牌，其中全是措辞严峻，不容反驳的班师诏令，命岳家军必须班师速回鄂州，岳飞本人则去临安朝见皇帝。

岳飞收到如此荒唐的诏令，愤惋下泪："十年之功，废于一旦。"不得不下令班师，百姓闻讯拦阻马前，哭诉着担心金兵反攻倒算。岳飞无奈，含泪取诏书出示众人，说："吾不得擅留。"立时哭声震野。岳飞决定留军五日，掩护当地百姓南迁避祸。

岳飞在回归临安途中，不断接到高宗的手诏和秦桧以三省、枢密院名义递发的省札。尽管内容自相矛盾颠来倒去，最后仍是令岳飞即速回师，入朝奏事。当岳飞听到中原传来的宋军败讯，只能仰天长叹："所得州郡，一朝全休！社稷江山，难以中兴，乾坤世界，无由再复！"

而后，秦桧以谋反的罪名将岳飞父子逮捕入狱，却因毫无罪证而审讯无果。最终秦桧以"莫须有"的罪名（韩世忠当面质问秦桧，秦桧支吾其词说："其事体莫须有（也许有，不见得没有）"），于是年（1142年1月27日）农历十二月二十九除夕之夜，将岳飞及其儿子岳云、部将张宪等3人杀害于杭州大理寺风波亭内。岳飞被害之前，在风波亭写下八个绝笔字："天日昭昭，天日昭昭。"

岳飞被害之后，狱卒隗顺冒着生命危险将岳飞遗体背出杭州城埋在钱塘门外九曲丛祠旁。隗顺临死之前，将此事告诉儿子，并说："岳元帅尽忠报国，今后必然有给他昭雪冤案的一天！"

岳飞沉冤21年后，（1163年）宋孝宗即位，准备北伐，便下诏平反岳飞，追封"鄂王"，谥武穆、忠武，改葬在西湖栖霞岭，即杭州西湖"宋岳鄂王墓"。并立庙祀于湖北武昌，额名忠烈，修宋史列志传记。

岳王庙、岳王墓历代以来，香火鼎盛。海内外各界名士，仅于杭州西湖岳王墓撰题镌刻挽联就有93副，其中褒赞岳飞为冠世大孝子者便占了17副。

早期，中国台湾编译馆委请吴延环先生，参考古书1600多种，涉猎孝行故事12万则，精选集成《三十六孝》一书出版。中国宋代只有岳飞、岳珂祖孙2人入选。

林 大 钦

林大钦（1512年1月5日~1545年农历八月十二日），字敬夫，号东莆。广东省潮州府海阳县东莆都山兜村（今潮安县金石镇仙德村）人。

林大钦从小家境贫寒，却非常孝敬父母。天资聪敏的他，每门功课对答如流，在潮州一带称之为"神童"。他设法向藏书万卷的族伯借书学习，博览诸子百家经典著作，12岁时的文章习作，竟与苏东坡的文章风格近似。当时，澄海县隆都陇美村的黄石庵先生曾到山兜村任教，见林大钦聪颖出众，又虚心好学，十分器重，便带林大钦回陇美村就读。

林大钦16岁时，父亲去世，家境更为困苦。为谋生计，他到附近塾馆任教，并经常帮人抄书以补贴家用。成家之后，林大钦与妻子竭尽孝道，用心奉养母亲，深受邻里赞扬。

明朝嘉靖十年（1531）秋，林大钦得中省试举人。

次年春，林大钦上京赴考，名列榜首，得中状元，深受嘉靖皇帝器重，授职为翰林院编修。

他刚任职于翰林院，就把母亲和恩师黄石庵接到京城奉养。恩师黄石庵也因此被皇帝钦赐为进士。为进一步报答师恩，林大钦请旨在陇美村建造"状元先生第"（至今宅第基本完好）。大门石匾上镌刻"黄氏家第"，并有"门人林大钦题"的落款，门联为"状元先生第，进士世范家"，均为林大钦手笔。

再说林大钦母亲到京不久，便因水土不服，一病不起。林大钦尽心尽力遍请名医为母诊治，却毫无起色。

嘉靖十二（1533）年，揭阳县进士翁万达（后官至兵部尚书）出任广西梧州知府，常与林大钦书信往来，林大钦曾在信中对翁万达说："老母卧病，侵寻已七八月，此情如何能言。今只待秋乞归山中，侍奉慈颜，以毕吾志尔。"在《与卢文溪编修》的信中说："老母体较弱，北地风高，不可复出矣，只待乞恩归养。"

是年秋后，林大钦终于以"老母病较弱，终岁药石"，奏请"乞恩侍养"，而被获准护送老母返回潮州。

林大钦初回归潮州时，没有安居之所，经常向人借宅暂居。后来为老母安享晚年而为母建造府第。然而，又恐"土木之华，豪杰所耻"，再加上能力有限，导致工程迟迟没有进展。

在此期间，朝廷多次召唤林大钦回朝复职，林大钦始终"视富贵如浮云，温饱非平生之志；以名教为乐地，庭闱实精魄之依"，而屡辞不就。母病数年之间，林大钦事母至孝，有明朝天启年间户部侍郎林熙春对其形容说："母安则视无形，听无声，纵寒暑不辞劳瘁；母病则仰呼天，俯呼地，即神鬼亦尔悲哀。"

1540年，林母病逝。林大钦悲痛至极，万念俱灰，由于哀伤过度，随后一病不起。至于母亲的府第也就视为废物，半途停建，落得个"府存墙而无堂屋，门存框槛而无扉"的凄凉景象。

而后数年之间，林大钦基本是在病榻度过。他哀母的情景，林熙春形容为："母死则骨立支床，吊人殒泪；母葬而跪行却盖，观者蹙眉。"他本人在《复翁东涯》信中也说："自失承欢，忧病漂泊。杜鹃之愁，日夜转深。望云兴悲，对鸟泪下。居则若有所望，出则侗然不知所往。"时之揭阳县进士，官拜行人司司长的薛侃和潮阳县进士、官拜户部主事的林大春皆为他所作传，都提到他在葬母归程中因悲伤过度咯血而病倒。

林大钦卧病期间仍十分关注当地民生，他不止一次地给潮州知府龚缇去信，不厌其烦地要龚知府顺时令，重民事，申孝悌，崇节义，省器用，恤孤寡，治沟渠，修传舍，清径路……

当时，蒙古俺答部侵略北部边境，战事连年未息。1544年2月，翁万达由四川按察使调任都察院右副都御史，巡抚陕西，赴西北前线指挥战事。林大钦对此又担忧，又兴奋，特此去信表示慰问，并大谈用兵之道。可见其关心时政之心未泯。

1545年农历8月12日，林大钦病逝。

他神奇故事，也因他的遗著《东圃文集》等，一直在潮汕民间流传。

忠国孝母许班王

许国佐(1605~1646年),字钦翼,号班王,旧庵,自署百花堂主,广东省潮州府揭阳县在城(今榕城)人。国佐性格豪爽,天资聪敏,酷爱诗酒,侍奉双亲至孝。

明朝天启七年(1627)省试考中举人。崇祯四年(1631)登进士,选授四川叙州府富顺县县令。

任职期间,许国佐千方百计兴利除弊,广施善政,尊重乡贤,体恤民情,设议局、均税赋、废奴制、严惩横行霸道之土豪劣绅,百姓大为赞颂,也使邻县相互仿效。一时间,轰动巴中、巴西、川南等地区。由此也就得罪了不少祸害地方之权贵,他们便暗中勾结,买通了川军提督洪文峰,巡抚牛兆山,捏造"私调兵马剿山灭寨,草菅地方烧杀无度和撰题反联、欺君罔上"等罪名,将国佐革职查办,囚禁天牢。

后来,幸得朝中诸多知情的忠良和川南百姓极力为国佐申诉辩诬。两年之后,冤案终于澄清昭雪。朝廷便将这位公正廉明、抗暴治县的许国佐调任贵州省遵义县县令。

在此期间,正值朱明王朝阶级矛盾和民族矛盾激化、江山摇摇欲坠之时,关外满清皇太极和多尔衮统帅15万满、蒙精悍大军再度扑向山海关,试图破关之后攻取北京;李自成等13家农民军蜂起于四川、陕西、河南各省,到处攻城略地;朝内百官又结党营私,明争暗斗,狱中人满为患;崇祯皇帝刚愎自用,处处疑忌,滥杀功臣良将;满朝文武百官人人自危,忠良之士纷纷隐退……

崇祯十年(1637年)春,皇帝急召政绩卓著的贤明县令许国佐入京,升任兵部主事,协同刚从狱中释放的兵部尚书傅宗龙统领边军30万,开赴燕山御敌。

初试锋芒,许国佐从战略上倚仗险要地势,利用敌军常胜的骄气,从战术上采取"据险设伏,诱敌入网,施行火攻,分割围歼"。傅尚书依计而行。结果,几经激战,竟用5万边军就大破强敌15万精悍步、骑兵,使敌兵伤亡过半,大败退回了辽东。而后,许久未敢轻举妄动。

燕山大捷,龙心大喜,视许国佐为扶国栋梁,中流砥柱,升职为兵部员外郎,兼督九江饷务。

就在许国佐为国家力挽狂澜之时,突然接到一封家书,告知父亲许有丰身患重病,卧床不起。许国佐顿时放声大哭,哭毕之后他踌躇了:论忠,他必须为国而死;论孝,他必须请假而归。倘若不归而父死则极为不孝;不孝之臣则天下切齿,何以辅助朝政?

苦思了两昼夜,他终于无可奈何地决定:天下事只有由君王自为了。

崇祯皇帝终于恩准这位兵部属官回乡尽孝,并赐予御用灵芝草一对以宽慰他。命其尽孝之后即速回朝辅政。

崇祯十七年(1164)三月十八日,甲申国变,李自成攻陷北京,崇祯皇帝自杀。国佐在家闻讯,即刻昏厥过去,醒来失声痛哭。于是便披麻戴孝,光着脚板率领知县吴煌甲及一众官吏,跪哭于揭阳孔庙。回想多年来匡扶社稷的百般心计竟然随皇上的仙逝而付之东流,不禁眼前一黑吐血倒地。事后,他带头在县衙为崇祯设灵祭奠,闹了49天,竟瘦了10多斤。

而后,明室旧臣马士英等拥立福王(弘光皇帝)朱崧在南京即位,意图复国,召国佐到南京复职勤王。国佐因父亲病重侍奉汤药而未能赴任。次年,清兵攻破南京,杀害了福王。明室遗臣黄道周、郑芝龙等又拥立唐王朱聿键(隆武皇帝)在福州即位,诏令许国佐复职兵部侍郎,速到福建辅政。此时,恰逢父亲去世又未能成行,等到许父安葬之后,闽粤到处已经兵荒马乱,道路不通,无法赴任。

清朝顺治三年(1645)六月九日,揭阳县龙尾乡石坑村武生刘公显,因官场失意,便聚众造反。自称"大明镇国大将军领九天都督",招集江西流民首领曾诠、福建流民帮主马麟等人马,号称"九军十八将",先后攻占揭阳城外各都乡寨。

次年初秋,九军探得揭阳县令吴煌甲积劳病死,继任县令赵甲谟又失职获罪入狱,许国佐与罗万杰(揭阳人,崇祯十六年退隐之吏部主事、都察院右佥都御史)等人离县未归,城中协守官员不多。便乘机设计智取了揭阳城,捕杀了知县谢嘉宾,都司黄梦选,推官刑之桂等官吏78人,只留下许国佐之母余氏老夫人作为人质,谦恭礼待,用车马送往桃山都九军大营,以此胁逼许国佐入伙。此时,许国佐正和罗万杰在潮州府衙与潮惠巡抚程峋等人策划募兵勤王,抵御清兵,护卫福建小朝廷;另一方面对揭阳九军施行剿抚之事,突然闻讯揭阳县城已被九军攻陷,城中官吏士绅均遭九军斩杀,老母亲也被九军扣留为人质……。

国佐闻讯,顿时五脏崩裂,昏倒在地。醒来时痛不欲生,立刻辞别众官,飞身上马,快马加鞭,直奔揭阳。

刚到揭阳,只见残垣倒塌,尸骸遍地,烟火未熄,四野成灰……。他顾不了许多,只想直闯敌营,以身换回亲娘,若能如愿,虽死无憾;若为救母而被迫屈身事贼则宁死不从。

国佐来到榕江,北河横亘眼前,波涛滚滚。此时正值劫后,途中行人稀少,江面舟楫绝迹。国佐救母心切,挥鞭策马跃下寒冷的江波之中,双手拉紧缰纯,随马泅渡过河。

国佐终于策马冲进桃都山前九军大寨。刘公显得知国佐到来立刻恭身出迎,厚礼相待,百般劝其归顺,共举反旗,国佐誓死不屈从。

刘公显深知国佐乃辅国贤臣,忠孝驰名江南。若欲召令百粤,非此人莫属,便把国佐囚禁起来,厚礼款待,意图慢慢瓦解他的意志。

后来,揭阳百姓聚众密谋劫狱救出国佐,不料计策被九军密探侦破。于是刘公显先将国佐杀害,国佐被害时年仅42岁。这时,隐居在桑浦山下玉简峰的辜朝荐,闻知国佐被杀的噩耗,顿时悲愤填膺,用剑在峰前石崖之下凿下四个大字:天绝南臣。

国佐生前著有诗集《蜀弦集》、文集《班斋数句话》、《旧庵拙稿》

等。其诗集于清乾隆年间,由其侄孙(进士)许登庸辑纂成册。

　　许国佐忠国孝母的事迹以及文学上的成就一直激励着后人,为纪念和弘扬这位先贤的精神,今揭阳市成立了"许班王研究会"。

毛泽东深情祭母

毛泽东一生事亲至孝，被人称颂。1919年10月初，他接到母亲病危的特急家信，急忙带着小弟泽覃星夜上路，昼夜兼程，奔回韶山。可是当他们赶到时，母亲已入棺两天了。他极其悲痛地抚摸着母亲的棺木放声恸哭，日夜守在灵前。10月8日，他席地而坐，独对孤灯，写出了一篇情深意切的《祭母文》：

呜呼吾母，遽然而死。寿五十三，生有七子。
七子余三，即东民覃。其他不育，二女二男。
育吾兄弟，艰辛备历。摧折作磨，因此遭疾。
中间万万，皆伤心史，不忍卒书，待徐温吐。
今则欲言，只有两端。一则盛德，一则恨偏。
吾母高风，首推博爱。远近亲疏，一皆覆载。
恺恻慈祥，感动庶汇。爱力所及，原本真诚。
不作诳言，不存欺心。整饬成性，一丝不诡。
手泽所经，皆有条理。头脑精密，劈理分情；
事无遗算，物无遁形。洁净之风，传遍戚里；
不染一尘，身心表里。五德荦荦，乃其大端。
合其人格，如在上焉。恨偏所在，三纲之末。
有志未伸，有求不获。精神痛苦，以此为卓。
天乎人欤，倾地一角。次则儿辈，育之成行。
如果未熟，介在青黄。病时揽手，酸心结肠。

但呼儿辈，各务为良。又次所怀，好亲至爱。
或属素恩，或多劳瘁。大小亲疏，均待报赉。
总兹所述，盛德所辉。必秉悃忱，则效不违。
至于所恨，必补遗缺。念兹在兹，此心不越。
养育深恩，春晖朝霭。报之何时，精禽大海。
呜呼吾母，母终未死，躯壳虽隳，灵则万古。
有生一日，皆报恩时；有生一日，皆伴亲时。
今也言长，时则苦短，惟挈大端，置其粗浅。
此时家奠，尽此一觞。后有言陈，与日俱长。
尚飨。

离家后，毛泽东在给他的同窗好友邹蕴真的信中写到："世上有三种人：损人利己的人；利己而不损人的人；损己利人的人。母亲正是最后一种人。"这几句话显示年轻的毛泽东对世相人生的宏观，对母亲这样的劳动妇女的美德给予高度的赞扬，达到极其尊崇的地步。

事后，毛泽东把孤独的老父亲接到长沙居住，尽心尽力地侍奉。次年1月30日，父亲病故，当时毛泽东正率领湖南"驱张代表团"到北京，未能回家奔丧，极其悲伤。

毛泽东在双亲墓肃立致哀，恭敬鞠躬，轻声说："前人辛苦，后人幸福。"事后对罗瑞卿说："我们共产党员是彻底的唯物主义者，不信什么鬼神。但生我者父母，教我者党、同志、老师、朋友，也还得承认。我下次再回来，还要看他们两位。"

后来，毛泽东曾在故居母亲的遗像前端详良久，之后说："我像母亲。"的确，毛泽东像母亲，不仅脸型像，而且基本品格也像，他把母亲的博爱升华为创建新中国的伟大实践。

忠孝将军许世友

许世友（1905~1985年），乳名友德，原名仕友，字汉禹，中华人民共和国上将。

许世友出生于河南省新县泗水店许家村一个贫苦的农民家庭。他幼年丧父，从小跟母亲相依为命，过着放牛、砍柴、吃糟糠野菜的生活。但他是个远近闻名的大孝子。青少年时，他在嵩山少林寺习武，练成一身高强武功，经常在地方上除暴安良、济弱抚危，深受穷苦百姓的敬爱，也令土豪劣绅丧胆。

1925年，许世友离家参加革命队伍，身经百战，屡建奇功，由班长一直升到将军，威震敌胆。但在数十年的革命战争中，他无法在母亲身边尽孝，为此愧疚万分，经常在睡梦中思念母亲泪流满面。据有关资料记载，战争期间，他曾两次路过敌占区的家乡，冒险回家探母。

1952年，许世友已任山东军区司令员，请假回家看望母亲。此时，离他最后一次回家看望母亲已有20年了。许世友来到家门口翻身下马，见门前一位衣衫褴褛的老太婆，头发灰白像一堆乱草窝，脚上穿着露出脚趾的破棉鞋，身上背着一捆柴。许世友怎么也认不出这张苍老的面容，还是母亲先认出了他："你是友德娃吧？""娘，我是友德啊！"许世友"扑通"一声，跪倒在老人家面前，母子俩抱头痛哭。许世友为母亲擦干眼泪，站起身，从母亲弱小的肩头卸下那捆树枝。他想到自己年迈的老母至今还过着这种艰苦的日子，实在有愧，又"扑通"一声跪倒在母亲面前，母子俩再次抱头痛哭了半个小时。"娃啊！你老远来家一趟不容易。娘替你烧水喝。"许母颤抖着进屋烧水，跪在地上的许世友没有母亲发话，一直不敢起身。

1957年冬天，这时已是国防部副部长兼南京军区司令员的许世友又一次回家。那天回到了家，老母正在喂猪，许世友轻轻喊了一声："娘，我回来看你了。"母亲转过布满皱纹的脸笑了一下，对儿子说："友德娃啊！我已是78岁的人了，俺母子是见一次少一次了。"说完又抱着许世友痛哭起来。许世友这位举世闻名、勇冠三军的猛将，在母亲面前却像孩子般大哭不止。

1959年，许母去世，许世友跪在母亲坟前说："娘，忠孝难全，您在生时我不能尽职服侍，等我死后，一定为您守坟。"

20世纪50年代，绝大多数共产党高级干部，包括毛泽东本人都在实行火葬的《倡议书》上签名，唯独许世友拒绝签字。他表示："我死后不火化，要和母亲埋在一起。我从小离家，没有在母亲身边尽孝道，死后要和她老人家做伴。"

1979年，他给大儿子许光写了一封信："许光：邮去现金伍拾元整，用这笔钱给我买一口棺材。我死后不火化，要埋到家乡去，埋到父母身边，活着精忠报国，死了要孝敬父母。我今年74岁了，身体很好，活到八九十岁，也只有10多年了，你们可以先做准备。"1985年10月22日，许世友辞世，对还乡土葬一事，邓小平的批示是："下不为例。"遵从他的遗愿，灵柩运回故乡土葬。所用棺木不是他儿子为他准备的松木制的，而是他的部下专门用楠木特制的。

王震代表邓小平去南京吊丧，说："许世友在60年戎马生涯中，战功赫赫，百死一生，是一位具有特殊性格、特殊经历、特殊贡献的特殊人物。邓小平同志签的特殊通行证，这是特殊中的特殊。"

鲁迅终生孝母

鲁迅（1881~1936年）出生于浙江绍兴。少年时父亲病故，家道中落。他排行老大，独力承担整个家庭的重任。为了尽量减少母亲的忧愁，他在外边遭受多少势利人的白眼、冷落，从未向家人吐露半句怨言，深受母亲赞扬。他常对人说："我娘是受过苦的，自己应当担负起做儿子的一切责任。"

鲁迅去南京求学时，母亲为他定了亲，女方名叫朱安，是个没有文化的缠足姑娘。鲁迅请求退婚，母亲坚决不同意。鲁迅要求朱安放足读书，朱安也没做到。

1906年，鲁迅在日本读书，接到家信，说母亲患病要他速回。7月初，他赶回家中，母亲没有生病，家里却张灯结彩，贴着大红喜字，一切都明白了。为了不使母亲伤心，他默默接受慈母的安排，奉命完婚。洞房之夜，鲁迅一言不发。次日清晨，他就独自搬进自己的书房，过了三天，便离家回到日本。

鲁迅的爱情就这样被"母命难违"四个字剥夺了整整20年，直到他同原籍潮汕的才女许广平同居为止。期间，他曾对许寿裳说："朱安是母亲送给我的一件礼物，我只能好好的供养她。至于爱情，我是不知道的。"

出于对母亲的孝顺和敬爱，他一向对母亲逆来顺受，毫无怨言。

1919年，鲁迅在北京教育部任职。买下了八道弯的房子，先同二弟周作人夫妇迁入，再回家乡接母亲和朱安来京安居。三年后，他因遭到周作人夫妇的侮辱、攻击，不得不离开母亲，带着朱安另住砖塔胡同小屋。

不久，鲁迅看到65岁的老母在周作人家中得不到一点温暖和照顾，便四处借贷，买下阜成门内西二胡同一座四合院，将老母接了过去，安度晚年，直到85岁寿终正寝。期间，他竭尽孝道，将最好的大房子让给母亲住，自己将屋后一间简陋的小房充当书房兼卧室。当时他已40多岁，依然像小时一样，外出上班，必先向母亲说声："娘，我出去了！"回家时必要向母亲说声："娘，我回来啦！"晚餐后，他总得陪伴母亲聊一会儿，然后再回书房工作。每月领到薪水，照例先给母亲买她爱吃的糕点，再交出一个月的家庭费用，另外还给母亲每月26元零花钱，如此成为惯例。

鲁迅知道老母爱看书，便不时自购或托人代买，源源不断地送到母亲手中。即使他后来去了上海，仍不断地给母亲寄书、寄信与寄金华火腿等食物。

鲁迅自身特别节约，对兄弟朋友却十分慷慨。为了不让老母操心，对凡属三兄弟应该分担的费用他都独力承担。母亲经常对人说："他处处想得周到，事事都体谅、顺从和孝敬我这老人。"

朱　德

朱德（1886年12月1日~1976年7月6日），字玉阶，四川省仪陇县人。

朱德青少年时是个远近闻名的孝子。后来，他为了解救四万万水深火热的中国劳苦大众，离开了双亲，投身于革命事业，与毛泽东并肩作战，经历了长期艰苦卓绝的斗争，为建立新中国立下了汗马功劳。数十年的戎马生涯中，他日理万机，但时刻不忘父母恩德，写了一篇《回忆我的母亲》的文章，以无限的深情赞颂了母亲无比的爱和高尚的品德。此书在解放后编入了全国中小学生课本。

朱德小时家庭贫苦，母亲一共生了13个儿女。因家贫无法全部养活，只留下了8个。母亲为把8个孩子养大成人，经常天不亮就起床、煮饭，还要种田、种菜、喂猪、养蚕、纺棉花、挑水、挑粪，就这样整天劳碌着。朱德到了四五岁时就在母亲身边帮忙，八九岁时不但能挑能背，还学会种地。每天从私塾回家，就悄悄地把书包一放下，就去挑水或放牛；在农忙时，整天都在地里跟着母亲劳动。

他家用桐子榨油来点灯，吃的是豌豆、红薯、青菜等杂粮饭。尽管用菜籽榨出的油煮菜，母亲却能做得使一家人吃起来有滋有味。若赶上丰年，还能缝上一些新衣服，布料用的是自家生产出来的"家织布"，有铜钱那么厚。一套衣服往往老大穿过了，老二、老三接着穿还穿不烂。

母亲性格和蔼，从没有打骂过儿女，也未曾与任何人吵过架。因此，尽管在如此大的家庭里，长幼、伯叔、妯娌也都相处得很和睦。母亲非常同情贫苦的人，虽然自家穷，却还时常周济更穷的亲戚。母亲也很节俭，有时父亲吸点旱烟，喝点小酒，她也尽力告诫孩子们不可效仿。母亲勤劳俭朴、宽厚仁慈的美德，在儿女心中留下了永不磨灭的印象。

《回忆我的母亲》一文的结尾中写到：

……"母亲现在离我而去了，我将永不能再见她一面了，这个哀痛是无法补救的。母亲是一个平凡的人，她只是中国千百万劳动人民中的一员，但是，正是这千百万人创造了和创造着中国的历史。我用什么方法来报答母亲的深恩呢？我将继续尽忠于我们的民族和人民，尽忠于我们的民族和人民的希望中国共产党，使和母亲同样生活着的人能够过上快乐的生活。这是我能做到的，一定能做到的。

愿母亲在地下安息！

回忆当时，地方上的土豪劣绅，衙门差役横行霸道、欺压百姓，逼得朱德双亲决心节衣缩食培养出一个读书人来"支撑门户"。

光绪三十一年（1905年），朱德考中科举，而后他远赴顺庆、成都等地读书，其学费东挪西借，共用了200多块光洋。

1909年，朱德考上了云南讲武堂，从此走上了救国救民的革命道路。

1937年11月，朱德一个外甥从四川老家来到山西八路军总部，告诉他家人因他参加革命而遭株连迫害，现家境非常困难。朱德身为八路军总司令，却身无分文，遂于11月29日在山西洪洞县给他的好友戴与龄写了一封信：

"我们抗战数月，颇有兴趣……我家中近况颇为寥落，亦破产时代之常事，我亦不能顾及他们。唯有老母，年已八十，尚康健，但因年荒，今岁乏食，恐不能度过此年，又不能告贷。我十数年来实无一钱，即将来亦如是。我以好友关系向你募二百元中币，速寄家中朱理书（朱德二哥之子）收。此款我也不能还你，请作捐助吧！"

不足300字的信，既有报国之志，又有孝母之情，更有勤廉之德，200元难倒总司令，大孝为国便是如此。

1966年11月，在接见红卫兵的天安门城楼上，在震耳欲聋的"万岁"高呼声中，一位意大利记者采访了时任全国人大常委会委员长的朱德。

记者问:"在您一生中,对您的影响最大的书是什么?"

"是识字课本。"朱德答道。

"您一生中最大的遗憾是什么?"

"我没能奉侍老母,在她离开人世的时候,我没有在她的床前给她端一碗热水。"

"您想在您的身后留下什么样的荣誉?"

"一个合格的老兵足矣!"……

而后,康生把这次采访的外电通讯稿呈给毛泽东,并别有用心地问:"主席,您看了有什么想法?"

"大老实人一个!"毛泽东毫不含糊地说:"您给我看这个干什么?要搞朱德名堂吗?朱德这个人我是了解的,不要搞得疑神疑鬼。"说完把手一挥,康生只好灰溜溜地走了。(引自张掌然《交际艺术品评》)

当时的政局,红色风暴席卷神州大地,许多中央领导人都相继受到审查。处于政治漩涡中的朱德当然也洞察到自己的处境,而难能可贵的是,他更尊重自己的人格,敢于在人们不敢讲实话的时候,一吐肺腑真言。

朱德答记者问的三个答案,都和当时的局势极不吻合,让"嗅觉"特别灵敏的康生以为抓住了他的把柄,可以乘机攻击。正是因为朱德一生的光明磊落和杰出忠孝,才没因此事酿成政治大祸。

陈　　毅

陈毅(1901—1972年)，字仲弘，生于四川省乐至县，后迁居成都。他不仅是革命家、军事家、中华人民共和国元帅，还是个出名的大孝子。

1962年，陈毅任国务院副总理兼外交部长。有一次，他率团从国外访问回来，路过家乡，还不忘抽出时间前去探望病重的老母。

那时，陈毅的母亲年事已高，因瘫痪卧床不起，生活上也不能自理。听到儿子前来探望，非常高兴，正要和儿子打招呼，忽然想起刚换下来的尿湿的裤子还放在床边，就示意身边的人赶快把它藏到床底下。

陈毅进门见到久别的老母亲，心里非常激动，他握住母亲的手，亲切的问候。过了一会儿，陈毅问母亲说："娘，我刚才进来的时候，您们把什么东西藏在床下了？"母亲看瞒不过去，只好说出了实情。

陈毅听后愧疚地说："娘，您久病卧床，我不能在您身边侍候，心里已是非常难过，今天这条裤子应该由我去洗。"母亲一听，知道陈毅说到做到，坚决不同意他洗，并说："你是国家干部，是做大事的，况且老远回来，快歇歇，陪娘聊聊。"

这时，身边的人赶紧把尿裤拖出来，陈毅的夫人张茜也抢着要去洗，陈毅急忙拦住说："娘，我小的时候，您不知为我洗过多少条尿裤子，今天别说洗一条，就是洗上10条100条，也报答不了您天大的养育之恩呀！"说完，就从妻子手中接过尿湿的裤子和其他一些脏衣服，放在洗衣盆里，一边洗着一边和母亲叙谈起来。母亲看在眼里，乐在心头。

就是这种平常得不能再平常的小事以及母子间平平淡淡的对话，才显出陈毅母子之间最真纯、最珍贵的孝与慈。之所以十大元帅中只有朱德、彭德怀、贺龙、陈毅被称为"老总"，除了他们的经历和功绩外，大概还和他们的秉性、学养等人格魅力有关吧。

第六篇　古代孝女

父母即天地
功恩难报还
富贵与贫贱
都要学孝贤
若不孝父母
何以分人虫
尽孝福常至
大逆祸无边
天地虽广阔
难容忤逆人
——劝孝歌

我国古代，出现了许多杰出女性，其中，不少被称为"孝女"、"烈女"，虽然难免带有时代的局限和封建思想的烙印，但她们英勇刚烈的献身精神，巾帼不让须眉的英雄气概，忠孝双全的精神品质，至今仍让我们深受鼓舞。下面这些女性，有的是历史人物，有的来源于古代小说或传说，却为世代所推崇。

荀灌娘退敌救父

晋朝愍帝建兴元年,襄阳太守荀崧升调为平南将军,领兵驻守宛城(今河南省南阳市)。荀崧膝下有一个女儿,叫灌娘,此时虽然才13岁,却武艺出众,舞枪如游龙戏水,射箭能百步穿杨。南阳城外是一片平原,灌娘整天驰骋在这广漠原野之中,猎射飞禽走兽,常常满载而归。她是父母的掌上明珠,满城军民更对她称赞有加。

有一年的春末夏初,匪首杜曾带领几万贼兵由西域流窜到宛城。当时宛城守军仅有千余人,又值青黄不接的季节,贮存的粮草有限,很难长期坚守,情况十分危急。

匪首杜曾原是官家子弟,因全家遭奸所害,含冤莫白,便招亡纳叛落草为寇。起初只想为父报仇雪恨,怎奈招募的匪徒成份复杂,到处奸淫掳掠骚扰州县,危害很大。经朝廷派兵连番围剿,流窜到了宛城,想占领这个富庶之地作为根据地,修养整备,以图一逞。

荀崧自忖城中兵微将寡,倘若长此困守,待到粮尽援绝之时,后果不堪设想!思前想后,只有派遣一个智勇双全之人突围出城,驰往临近的襄阳城求救。因襄阳太守石览,原为荀崧的旧部,此时他兵精粮足,雄踞一方,只要能发兵前来必可解救宛城之围。满城文武官员十分赞同荀崧的计划,但没有一人愿意担当突围求救的任务。

正当荀崧感叹不已、一筹莫展之际,蓦然间,荀灌娘从屏风后转出,朗声对父亲说道:"女儿愿往襄阳投书请援!"荀崧闻言大惊,即时拒绝道:"你才这么小的年龄,怎能突出重围抵挡贼兵的追杀!"不料灌娘却回答说:"女儿虽小,但已练就一身武艺,出其不意,攻其不备,必可突围。与其坐以待毙,不如冒险一试。倘能如愿,则可保全城池和拯救黎民百姓的生命财产。如果不幸事败,不过一死而已。同是一死,何不死里求生冒险一行呢?"

事已至此,荀崧考虑良久终于同意了女儿的请求。于是,便选派了壮士10多人,组成了一支闪电突击队,借着夜幕作掩护,一拥而出,向襄阳城飞奔而去。情急马快,穿垒而过,贼兵一时措手不及,眼睁睁地看着一队人马消失在夜幕之中。

一路奔波,于第三天的午后抵达襄阳,襄阳太守石览看到老上司的求救信,又听到灌娘的慷慨陈词,对一个13岁的女孩子敢于冒险,突破千军万马包围的精神和胆识,不禁大为感动。当即发兵,同时修书一封派人昼夜飞驰荆州请太守周仿协同出兵解救宛城之围。

两路大军赶到宛城,与杜曾之贼兵展开激战,荀崧也率兵从城里杀出,三路夹攻,荀灌娘亦挥舞银枪左冲右突,奋勇杀敌。杜曾抵挡不住,顿时兵败如山倒,只得率领剩余的残兵败卒溃退逃窜,宛城之围遂解。

小李寄义勇斩蛇

这是东晋时期干宝所著《搜神记》中的一个故事。

三国期间，东吴建安郡（今属福建省三明市）将乐县有座名叫庸岭的高山，绵延数十里。山深林密，西北部石缝之中有一条大蛇，长七八丈，经常出没危害人畜。地方官吏祭以牛羊，仍然未得安宁。传说蛇精每年须吃一个十三四岁的女童，当地才能平安无事。于是，当地官吏便四处搜寻贫苦人家和犯罪家庭的女孩，养到8月之时祭蛇，将该女孩送到蛇穴洞口，由蛇吞噬。年年如此，已有9个女孩葬身蛇腹。

这一年，地方官吏四处搜寻祭蛇童女，未有所得。

当是时，将乐县中有一个14岁的女孩，姓李名寄，家中共有6个姐妹，她排行最小。她耳闻目睹多少家庭因骨肉葬身蛇腹所受的痛苦；多少父母因女儿命丧蛇口所造成的惨状，不禁义愤填膺，决心应招祭蛇，伺机为民除害。当她把这个志愿告知父母时，父母坚决不允。李寄便对双亲说："爹娘生育我们6个女孩，没有男儿，我等姐妹既无帮助父母的本领，又不能供养双亲衣食，只是成为父母的累赘，不如早死，把我卖去祭蛇，还能得到一些钱来供养父母，岂不更好。"但是父母疼爱女儿，怎么也不肯答应。

李寄为民除害之心已决，便偷偷离家外出，求得一把锋利的宝剑和一条凶猛的猎犬。到了8月祭蛇之时，李寄先将数石米麦用蜜糖拌好，置于洞口。不久，大蛇闻到香味便出来吃。但见蛇头大如笆斗，眼似铜铃，十分吓人。李寄毫无惧色，先放猎犬与大蛇搏斗，自己则从一旁挥剑猛砍，终于杀死了大蛇。而后,李寄进入蛇穴,见到面前9个童女的骷髅残骸,便痛心地说:"你们怯弱,为蛇所食,实在可怜。"然后胜利回家。很快,李寄斩蛇的义勇之事轰动全县,满城官民大为赞颂。

后来,南越王闻知李寄斩蛇为民除害的英雄事迹十分惊奇和敬佩,便礼聘册立李寄为王后,并封李寄之父为将乐县令,母亲和姐姐也都全部得到封赐。

沈云英忠孝双全

沈云英（1624~1660年），明朝浙江萧山县昭东长巷村人。她从小喜欢骑马射箭，挥刀舞枪，练就了一身好武艺，并且苦读诗书，记忆力强，对宋朝胡安国的《春秋传》颇有研究。

崇祯十六年（1643年），沈云英的父亲沈至绪出任湖南道州府守备。沈云英时年19岁，随侍父亲左右。

当年，恰逢农民起义军张献忠部队围攻道州，沈至绪率兵出城迎敌，不幸战死阵中。沈云英闻讯悲愤至极，登上高处疾呼："我虽一个小女子，为了完成父亲守城的遗愿，定与敌军决一死战。希望全体军民齐心协力，保卫家乡。"言毕，束发披甲，一马当先，杀出城外。

此情此景顿时激发起全军斗志，纷纷随之出城奋勇杀敌。因沈云英带头拼死冲杀，终于击退了敌兵，夺回了父尸，解了道州之围。

事后，道州郡守上表奏请其功，湖南巡抚王聚奎奏请朝廷敕封，追封沈至绪为昭武将军，在麻滩驿建祠，并加封云英为游击将军，继续守卫道州府。道州府的百姓为她建了一座忠孝双全的纪念祠。

后来，清兵入侵中原，南渡钱塘江，沈云英眼见山河破碎，回天无力，便欲投水自尽，幸得母亲奋力挽救，才免于死。沈云英后来家境十分贫寒，在长巷家祠开办私塾讲学，训练族中子女。

清朝顺治十七年（1660年）秋，沈云英病逝，时年36岁。至今故里长巷村仍保留着"云英将军讲学处"。

孝妇奇冤三载旱

《汉书·于定国传》记载了这样一个故事：

汉朝年间，山东琅琊郡东海县（今之临沂市郯城县）有个贤淑善良、孝义双全的女子，名叫周青。她对婆婆十分孝顺，对丈夫情深意笃，深受邻里称赞。

谁知婚后不久，丈夫不幸病故。周青强忍丧夫之痛，立志守节，奉侍年迈的婆婆。婆婆是个胸怀豁达、深明大义之人，不忍周青芳龄守寡，贻误终身，便苦口婆心地劝说周青改嫁。周青对婆婆说："丈夫去世，姑姐远嫁外地，家中唯剩婆媳相依为命，我应责无旁贷地侍奉婆婆终生。"从此以后，周青更加无微不至地孝敬婆婆。婆婆见媳妇苦劝无效，便常对邻居叹道："孝夫事我勤苦，哀其亡子守寡。我老，久累丁壮，奈何？"后来，婆婆见媳妇决意守寡，为了不再拖累于她，便索性自缢身亡。

周青的姑姐是个极其自私狠毒的泼妇，弟弟刚死，她便存心想占其家产，碍于弟媳妇决不改嫁，成了绊脚石，遂对弟妇忌恨在心。后见母亲自缢身亡，便诬为弟妇所害，一纸诉状把弟妇告上衙门。

东海县令是一个草菅人命的糊涂官，受案之后，竟然不查实情，便将周青拘禁衙门，酷刑逼供。周青终因受刑不得，屈打成招，落得个"蓄意改嫁，图谋家产，杀害婆婆"的罪名，被判斩刑。

当时衙中有一小吏，人称于公，秉性刚直。他深知周青孝敬婆婆10多年，芳名美誉远近传颂，岂有谋杀婆婆之理，此案分明错漏百出，便不顾职微言轻，竭力为周青鸣冤翻案，向县令苦谏、跪谏、哭谏。莫奈县令坚执己见，维持原判。于公眼见屈杀孝妇，回天无力，便仰天落泪，辞职而去。

周青被押上刑场之时，正值6月6日的中午，现场观众无不为她同情落泪，鸣冤叫屈。

午时三刻已到，执行斩刑的刽子手举起鬼头大刀，一刀砍下，"咔嚓"一声，刀落头断，周青的脖子喷溅出一股白色的鲜血，（于今郯城县南面，有个村子，名叫"白血汪"，传说就是当年周青被斩杀的地方）。突然间，天昏地暗，阴风惨惨，怨雾重重，竟然降下一场铺天盖地的大雪。（后来，刑场附近便空前长出一种绿叶红花的小草，人们给它命名为"六月雪"）。

周青死后，人们把她埋在一个不起眼的小山丘。当地自此一连遭受三年奇旱，滴水未降，寸草难生，百姓困苦不堪。直到新县令上任，于公及许多知情邻里再次为周青翻案申冤，并对新县令痛陈三年奇旱乃因上一任县令屈杀孝妇而遭天谴。

新县令是位明智之士，受理百姓申诉之后，重新察实案情，为周青平反洗清罪名。后来，新县令与于公带领差吏们前往周青墓前祭奠，刚刚焚香跪下，天空即时雷电交加，降下大雨。

周青的墓冢直到清朝初年才得以扩大规模重建，旁边还立着康熙皇帝题写的碑文。

后来，我国元代著名的戏剧家关汉卿写了杂剧《窦娥冤》，其中6月飞雪、楚州地面苦旱三年的情节显然取材于这个故事。于是，东海孝妇周青的名声也就几乎被窦娥取代了。

赵孝妇鬻儿买棺

赵孝妇,元朝时湖北德安郡应城县人。其夫早丧,遗下老母及两个小儿,家境十分贫寒。赵孝妇刻苦操持全家四口人的生计,每日三餐,她都把家中最好的饭菜奉养婆婆,自己则与小儿以糟糠瓜菜充饥。

赵孝妇见婆婆年迈多病,性命犹如风中残烛,想到老人家一旦不幸去世,自家哪有能力为她料理后事?与其到时束手无策,不如趁早做好准备。但苦思许久,别无良策,无奈之下,只得留下长子继承夫家香火,把小儿卖给富户人家,所得钱财为婆婆购置棺木寿衣。邻里皆称赞她如此作为,甚是贤孝。

谁料有一天,南侧的邻居不幸失火,当时又碰巧正刮南风,风助火势向她家蔓延而来。赵孝妇急忙先将婆婆搀扶到外边躲避,紧接着又转身跑回家中,想搬出棺材,无奈棺材十分沉重,一个弱女子,无法移动。眼见熊熊烈焰已迫近自家门口,赵孝妇心急如焚,悲痛不已,不禁仰天大哭说:"我鬻儿买棺,谁料今朝棺木竟然付之一炬,老天为何不开眼啊!"言犹未毕,风势突然转北,乌云密布,骤降一场倾盆大雨,熄灭大火,房屋和棺木俱得保全。这种巧合,使邻里乡亲皆认为是赵孝妇的孝行感动了上苍,她的故事广为流传,她的孝行更被世代传为佳话。

缇萦女上书救父

西汉文帝年间，山东临淄人淳于意，曾在齐国任职太仓长。他精通医术，四处救死扶伤，为民解除疾苦，声名远扬。后因性格刚直不阿，不愿留在宫中专为齐王治病而得罪了权贵。

文帝十三年（公元前167年），淳于意被陷害，押往京城（长安）治罪。当他刚进囚车之时，不禁仰天长叹道："都怪我只生女儿不生男子，不能为我分忧解难。"他15岁的小女儿淳于缇萦听后，甚为悲哀，自忖："为何女儿就不能像男儿一样为父伸冤辩诬？"于是，决定舍弃性命也要为父伸冤。她不辞辛苦跋涉跟随着父亲的囚车来到京城，向汉文帝呈上一书，申诉父亲为官之日廉洁公正，深受百姓称颂。今既偶然犯法，要受残酷肉刑，受刑之后变成废人，以后想悔过自新已无机会。表示自己情愿进入官府为奴，以赎父亲刑罚，换取父亲重新做人的机会。

缇萦舍身救父的孝义行为深深感动汉文帝，觉得这孝女的孝行可怜可贵，便下诏赦免淳于意的肉刑。同时，从缇萦书中触想到毁容断肢的酷刑给多少家庭带来不幸，又下诏废除肉刑。《汉书刑法志》全载其本。缇萦也被誉为千古孝女。东汉大史学家班固有诗赞曰：

三三德靡薄，惟后用肉刑。
太仓令有罪，就递长安城。
自恨身无子，困急独茕茕。
小女痛父言，死者不可生。
上书诣阙下，思古歌《鸡鸣》。

忧心摧折裂，晨风扬激声。
圣汉孝文帝，恻然咸至情。
百男何愦愦，不如一缇萦。

又诗赞曰：
随父赴京历苦辛，论证精辟感皇廷。
下诏特赦成其孝，又废肉刑惠后人。

岳银瓶投井殉父

据明《金陀续编》、明田汝成《西湖游览志》等书中记载：南宋抗金英雄岳飞有一女儿叫银瓶。她自幼聪颖好学，通书史，明大义，事亲至孝。

南宋高宗十一年（1142年）七月中旬，精忠报国的大元帅岳飞，被高宗皇帝用十二道金牌召回。紧接着又被奸贼秦桧以"莫须有"的罪名逮捕审讯，囚禁于杭州大理寺监狱。当时，岳银瓶才13岁。当她惊闻父亲的冤屈之后，悲愤填胸，便咬破指头，写下血书，向朝廷申诉父亲20多年来忠心耿耿、英勇抗金，为大宋江山立下丰功伟绩，结果却遭奸党陷害的奇冤，然而此举却遭到满朝奸党的阻截而未果。

当年农历十二月二十九日（1142年1月27日）除夕之夜，一代举世闻名的抗金民族英雄岳飞连同长子岳云、部将张宪等3人，被奸党惨杀于大理寺风波亭内，铸下千古奇冤。

噩耗传来，岳银瓶悲痛欲绝，遂怀抱父亲生前留给她的一个银瓶，投下岳府东面（今杭州市庆春路660号）的一口水井而死，以此舍身殉父。后人把岳银瓶称为孝娥。

明朝正德十四年（1519年），按察使梁材在该井上盖起一座亭，命名为"孝娥井"。后来，杭州又有一官员刘公瑞在该井旁边竖碑铭文，碑铭曰："天柱绝，日为月，祸忠烈，奸桧孽。娥痛父冤冤难雪，赴井抱瓶泉化血。愤如铁，曹江之娥符尔节。噫嘻！井可竭，名不可灭。"

清朝同治年间，人们又在该井外圈镌刻"孝娥赴义处"五字，并修建孝女亭，亭内设置清代碑刻二处。至今仅存民国年间重修之孝女亭与碑刻各一。

诗曰：

咬指写书诉奇冤，舍身投井殉父难。

将门孝义银瓶女，勒石流芳万古传。

花木兰代父从军

《木兰辞》是我国古典文学中的一个光辉篇章，该文描绘了一位替父从军的奇女子的故事。

在古代，有一女子叫花木兰。她从小跟着父亲读书习字，骑马射箭，练就了一身好武艺。当时，北方匈奴势力日益强大，经常发兵入侵中原。朝廷为了对付匈奴，不时征兵加强北部边境驻防。有一天，兵部送来文书，征召木兰之父从军。木兰鉴于父亲年老，弟弟又小，难以参军打仗。于是决定女扮男装，代父从军。爹娘虽舍不得木兰应征，又无其他办法，在万分无奈中，只好同意。

木兰随军到了北方边境，担心自己女扮男装的秘密被人发现，处处倍加小心。日间行军，紧随队伍。夜里宿营从未乱脱衣服。打仗之时，她凭一身过硬武艺，总是冲杀在前。从军12年，屡建奇功，战友们对她十分敬佩，赞她是一位英勇杀敌的好男儿。

战争胜利结束，皇帝论功行赏，对木兰封官赐爵，木兰却一不想做官，二不贪赏赐，只求得到一匹快马，马上回家。皇上欣然应诺，并派使臣护送木兰回乡。

木兰的爹娘闻说女儿回来，非常欢喜，立刻赶到城外迎接。弟弟在家宰猪杀羊，以慰劳为国立功的姐姐。木兰回家之后，脱下战袍，换上裙钗，出门会见护送她回家的使臣和战友们。同伴们一见木兰原来是女儿身，顿觉万分惊讶，万万没想到并肩作战12年的勇士竟是一位漂亮的女子。

有诗赞曰：

脱去罗裙着武装，代父从军十二年。

阵前威风敌丧胆，谁信英雄是红颜。

赵 五 娘

下面这个故事，出自明清小说。虽然史无记载，民间却广为流传，而且被编成各种戏剧，广为传诵。

东汉末年，河南陈留人赵五娘，嫁与寒儒蔡邕（字伯喈）为妻。五娘本意甘贫守份，只求夫妻相敬如宾，白头偕老，奉侍年迈公婆。婚后不久，适逢科期，蔡父不愿伯喈老死林泉，迫其上京赴试。五娘本欲阻拦，恐被公婆误为迷恋丈夫，责之不贤。

伯喈赴试之后，名标金榜。当朝牛丞相慕其才华，强招为婿，迫与女儿成婚。伯喈无力抗拒强权，以致被拘三载无法归家。

三年间，五娘以一弱女子独自负担合家生计及照顾公婆责任，任劳任怨，辛苦操持。其间又逢饥荒岁月，哀鸿遍野。五娘尽典家中衣物，落得四壁萧然，依旧三餐难度。时幸族中太公张广才仗义扶危，经常送些稻谷救济蔡家，但也杯水车薪，难解燃眉之急。因为人多谷少，五娘常将稻谷磨成白米之后，煮成稀粥分与公婆果腹，而自己却暗自咬紧牙关，强忍悲泪，痛苦地吞下糟糠充饥。真是呕得我肚肠痛，苦泪垂，咽喉兀自牢梗住。悄似奴家身狼狈，千辛万苦皆经历。苦人吃苦味。两苦相连，可知道欲吞不下。糠和米，本是两相依，谁人簸扬你作两处飞？一贵与一贱，好似奴家共夫婿，终无见期。夫啊！你便是米么？米在他方没寻处。奴便是糠么？怎的把糠救得人饿饥？好似儿夫出去，怎的教奴，供给得公婆甘旨。

一次，公婆嫌粥稀少，怀疑五娘暗中偷吃米饭，便悄然跟踪，乘五娘不备，抢过饭碗，见是糟糠，恍然大悟，对孝媳怜惜有加，对自身愧疚无比。蔡公一时性起，强行抢过糟糠咽下，结果卡在喉咙，痛苦倒地。

不久，公婆相继饿死。五娘带泪挖掘墓穴，裙裾包土，筑坟营葬公婆。弄得十指磨破，血迹斑斑。

后来，伯喈终得脱身回乡，夫妻团聚。但五娘也只好接受与牛小姐共事一夫的现实，未有半句怨言。

曹娥沉瓜寻父尸

东汉年间，浙江上虞县皂湖乡曹家堡有个名叫曹盱的巫师，他善能"抚节按歌，婆娑迎神"。

汉安二年（公元143年）五月五日，曹盱酒后驾船在舜江之中迎潮而上。他在船上作法之时，因酒性发作，导致动作错乱而失足落水沉江。

曹盱早年丧妻，膝下唯有一女，名叫曹娥，此时才14岁。曹娥惊闻父亲噩耗，万分悲痛，哭昏倒地。醒来之后，有人教导她说："凡是遇到溺水身亡而难寻尸体者，可用香瓜投于水中，香瓜浮到尸体沉匿的地方就会从那里沉下去。"于是，曹娥提了一篮香瓜，向邻居借了一条船，驾船将香瓜抛入江中，一边对天祈祷，一边哭喊着父亲。她随着香瓜顺流漂浮，一连7天，沿江号哭，昼夜悲声不绝，哭得声音都嘶哑了。最后香瓜终于在一处水面沉了下去，曹娥随着大叫一声"爹爹"，纵身扑入江中。

3天之后，人们发现曹娥父女俩的尸体背靠背的浮出江面，而曹娥的脸色十分安详，虽死犹生。

人们为了纪念这位舍身殉父的孝女，便把舜江改名为曹娥江，并在江边建了曹娥庙和立了曹娥碑，以供当地百姓世代祭祀。

元嘉元年（151年），上虞县官度尚改葬曹娥于江南道旁，命弟子邯郸淳作诔辞，刻石立碑，并镌联两副，以褒孝烈。（至今尚存）

联曰：

其一：小女名江，看汐往潮来，百十里叠浪层波，是哭父千行血泪；
　　　逸才题赞，想外孙幼妇，几个字虫侵蠹啮，为诔娥万古丰碑。

其二：事父未能，入庙倾城皆末节；
　　　悦亲有道，见我不拜也无防。

卢　氏

唐朝年间，河北幽州范阳县有一女子卢氏，广涉经史书籍，又因服侍公公和婆婆孝顺而出名。嫁与郑义宗为妻。卢氏过门之后，对婆婆极尽孝道，深受夫家上下称赞。

一天夜里，一伙强盗闯入郑家，逢人便杀，见物就抢。郑府家人吓得魂飞魄散，各自四散逃命。卢氏本可逃过此厄，但想到婆婆年迈体衰，无法走动，恐遭强盗伤害，便毅然转回家中，冒险陪伴婆婆。

这时，正值强盗四散翻箱倒柜，来到里屋，提刀威胁婆婆说出家中暗藏财产，恰逢卢氏进屋，上前挺身挡住婆婆，与贼众对峙。强盗大怒，立时刀杖齐下，把卢氏砍打得体无完肤，昏倒在地，幸好尚未当场丧命。

事后，卢氏经过数月医治，伤势痊愈。人们问她那时为何不及早逃命，卢氏答曰："人与禽兽之别，在于知晓孝义。婆婆临危之际，作为儿女却弃之不顾，自管保全性命，如此所为，尚有何颜立于人世。"婆婆为其壮举感动得潸然泪下，人们皆钦佩和赞颂卢氏之孝勇。

刘兰姐劝姑孝祖

明朝中期,浙江绍兴府山阴县有一户姓杨的人家,娶了一个童养媳,名叫刘兰姐。兰姐年方12岁,却深明人情事理,对家人十分殷勤恭敬。她见婆母王氏动不动就冒犯长辈,经常咒骂祖母"老不死",言辞十分粗野,兰姐听后甚为难过。

一天深夜,刘兰姐来到王氏房中,长跪不起。王氏甚觉惊异,便问何故?兰姐回答说:"媳妇担心婆母不敬太婆母,日后媳妇也以您为榜样,待您老迈之时,也把您视为'包袱'随意虐待,那时您会多么伤心啊!太婆母长命百岁乃是我家之大幸,恳求您三思而行呀!"

王氏听后恍然大悟,生发许多感触,便面带愧色地说:"贤媳妇一席良言,惊醒梦中之人,使我获益匪浅啊!"自此,王氏痛改前非,对待祖母温良恭顺,而兰姐对王氏也是如此。终于一门和谐,邻里赞颂。

第七篇　慈城孝贤

父母即天地
功恩难报还
富贵与贫贱
都要学孝贤
若不孝父母
何以分人虫
尽孝福常至
大逆祸无边
天地虽广阔
难容忤逆人

——劝孝歌

浙江省宁波市江北区（原名句章县）慈孝文化源远流长，底蕴相当深厚，因而被称为"慈城"。从汉朝大儒董仲舒的六世孙董黯与其母的经典慈孝故事传说开始，慈城的山山水水就与"慈孝"结下不解之缘，例如慈城、慈江、慈湖等。2000多年来，慈城历代涌现出许多孝子孝女，形成了具有地方特色的慈孝民间文化。慈与孝相关相连，互动互进，使其慈孝传统而衍生出大爱大孝之风，值得举世弘扬和称颂。以下略摘录慈城四个慈孝故事，希望其能像和风细雨般地滋润着人们心灵，让人们从中受到教育。

苦 啼 鸟

在宁波，有一种褐色的小鸟，它的叫声带着"爹爹呀！""爹爹呀！"的凄凉哭腔，令人听起来十分心酸，人们便把它命名为"苦啼鸟"。下面讲述一个在民间广为流传的极为悲凉的苦啼鸟故事。

从前，宁波西边的大蓬山里住着一个心地善良、手艺精巧的老石匠。他终年风里来雨里去的四处奔波与劳作，一晃就年近60岁还孤身一人。

有一天，老石匠从东山收工回家，路过东岙岭，忽然听到附近似乎有婴儿啼哭的声音，便循着哭声寻去，果然在路边的树丛下，他看到一个裹着襁褓的女婴。老石匠抱起女婴，一直等到天黑也不见有人前来认领。他想把女婴放回原处，又恐遭受毒蛇猛兽的伤害，他只好把她抱回家中。女婴饿得哇哇大哭，老石匠便抱着她四处寻找有奶水的女人讨口奶吃，顺便寻找女婴的父母。可是，一连几天过去了，仍毫无结果，老石匠只好把这个苦命的女娃子收养下来，给她取了个名字叫苦莲。

俗话说：女大十八变。数年后，小苦莲长成一个乖巧漂亮的小姑娘。她见年老爹爹每天干活回家都累得腰酸背疼，她便立即给爹爹搬凳倒水，擦背捶腰。苦莲的小手敲在爹爹的背上，却甜在老石匠的心头。随着年龄的长大，苦莲每天上山拾柴，挖竹笋，捡蘑菇，拿到集市换钱，为爹爹买来鱼肉酒菜，尽她一点微薄的能力孝敬爹爹。老石匠看在眼里，乐在心头，经常对人说："苦莲是老天可怜我，给我送来的好女儿。"后来，苦莲听说养猪能赚钱，便积攒些钱买来一头小猪养起来。猪舍又脏又臭，老石匠不愿意漂亮的女儿干这脏活，而苦莲却干得乐此不疲。老石匠的衣服脏了，苦莲给他清洗；破了，苦莲给他缝补。老石匠干活回家，苦莲早已做好饭菜在等候他。天气渐渐地冷了，苦莲用攒下的钱为爹爹缝制一件新棉衣。半夜里，自己冻得瑟瑟发抖的小手还不停地做针线活。爹爹看在眼里，疼在心上，脱下自己的破烂棉袄披在苦莲的身上。就这样，父女俩人相依为命，上慈下孝，虽贫亦乐。茅屋里时时洋溢出欢乐的笑声，充满着和谐、温馨的气氛。

天有不测风云，人有旦夕祸福。苦莲18岁那年，她到山溪边洗衣服，不小心踩着了一条毒蛇。毒蛇却猛地张口在苦莲的小腿上咬了一口。苦莲大吃一惊，赶紧撕下一破布条扎紧伤腿，强忍伤痛走回家中，刚到半路，便双眼一黑昏倒在地。这时，碰巧邻居阿强打柴路过这里，见此情景，急忙把苦莲背回家中。

此刻老石匠正在附近干活，闻讯之后，又惊又急，马上丢下手中活计，赶回家中，一见女儿昏迷不醒，小腿已肿胀发紫，知道是被剧毒的白花蛇咬伤，若不及早救治，恐怕性命难保！老石匠立时急得老泪纵横，心中暗暗叫苦！原来，自家平时备用的治疗蛇毒的特效草药刚巧被乡亲们用光，采这草药必须登上大蓬山险峻陡峭的最高峰，此时外面又正下着大雨，登山比登天还难，怎么办呢？老石匠不顾受感染的风险，赶紧俯下身子，张开嘴巴，将女儿伤口里的毒血一口一口地吸出吐掉，再用"牛鼻酒"灌进女儿口中，暂时缓解了蛇毒的蔓延发作。经过一番简单的急救治疗，老石匠确信女儿一天之内尚无危险之后，决定火速攀登大蓬山，采集根治女儿的草药。阿强见老石匠年已高迈，放心不下，要求陪同前去，老石匠决不同意，只是教导阿强母子好好护理苦莲，便披衣戴笠，急忙冒雨出门。

风越刮越猛，雨越下越大，碗口粗的树干在风雨的呼啸中摇摆，崎岖陡峭的山路又湿又滑，老石匠心急如焚，跌跌撞撞地向高峰拼命爬上去。他已不顾一切，只知道女儿此刻的生命是在与时间争夺，倘若出了差错，自己怎么活下去啊！

且说阿强母子焦急万分地在家中一边守护着苦莲，一边盼望着老石匠快快采药回来。可是一等再等,等到午后还不见老石匠的影子。一种不祥的预感不禁浮现在阿强的脑海中。他急忙招呼邻居几个小伙子,沿着大蓬山险峻崎岖的羊肠小道,大家分头呼唤着,寻找着……

将近傍晚时分,苦莲忽然醒了过来,一听阿婆说起爹爹上午为她冒雨上山采药,至今未回时,不觉心慌意乱,挣扎着爬起身,操着一根拐杖,跟跟跄跄地嚷着要出去找爹爹,任凭阿婆怎么阻拦都拦不住。就这样,苦莲这一去再也没有回来了。

当天傍晚,阿强等人终于在大蓬山下的溪流中找到了老石匠,可是他已经死了,手里还紧紧地抓着那些为苦莲采到的救命草药。大家禁不住放声大哭,随后合力把老石匠的尸体埋葬在当年捡到苦莲的地方,并为他修筑了一座高大的坟墓。

说也奇怪,老石匠的坟墓落成之日,半空中忽然飞来一只褐色的小鸟,盘旋在坟墓的上空,口里不停地啼叫:"爹爹呀!"其哀鸣许久不愿离去,此情此景催人泪下。大家都说这小鸟是苦莲变的,它正四处叫唤着,寻找着她的爹爹,而且头上那块白色的羽毛就是给老石匠带的孝。

从此以后,当地人就把这种鸟称为"苦啼鸟"。

千里寻父

清朝雍正年间，慈城人钱象正离家前往东北采购药材，家中留下妻子和幼小的儿子钱秉虔。

钱象正一走就是几年，开始还时常托人捎来一些消息，但是到了后来却毫无音讯。钱家的日子渐渐难度，母亲靠着给人家洗衣服来补贴家用，小秉虔帮人家放牛。可他每天放牛归来时都要站在村口翘首张望，渴盼能见到父亲的身影，然而希望却次次落空。每到夜里，他常常看到母亲因思念父亲而偷偷哭泣。

随着时间的推移，小秉虔再也无法忍受失父之痛，决心前往东北寻找父亲。当他把这个想法说出，征求母亲意见时，母亲连连摇头，她怎能放心让这个13岁的孩子孤身前去遥远而寒冷的东北呢？小秉虔寻父心切，多次在母亲面前长跪不起。结果，母亲经不起儿子的苦苦哀求，只好含泪地点头同意了。小秉虔便拼命给人家干活，积蓄母亲一段时间的粮食和自己的干粮，然后在母亲泪眼模糊的千叮咛、万嘱咐之下，拜别母亲，背上包裹，踏上了千里寻父之路。

一路之上，小秉虔跋山涉水，留窑宿庙，日夜兼程。随身所带的一点钱和干粮很快就用光了，他就沿途帮人家打短工换点口粮。有时候饿极了就采些野菜、野果充饥，从未偷窃人家地里的半点庄稼。有一次，他错吃了有毒的野果，幸好被人救活。在一个雨夜里，他迷了路，四周一片漆黑，害怕极了，边走边哭，但一想起远在天涯、生死未卜的父亲和望眼欲穿、以泪洗面的母亲时，不觉又增添了勇气，振作精神，继续赶路。

不知涉过多少山水，经历多少苦难，小秉虔终于到了林海雪原的东北地界，在冰天雪地里，他把所带的衣服都穿上，还是冻得瑟瑟发抖。但是，寻父的坚强意志支撑着他，使他在没膝的雪地里深一脚、浅一脚地艰难前进。

也许苍天不负苦心人，经过长时间的四处打听，小秉虔终于在一处废弃的破屋里找到了父亲。父子俩人见面，抱头痛哭了一场。

原来，当年父亲在运送药材途中遇到强盗，财物被抢光，人被推下山崖而摔断了腿，摔坏了腰，后来靠着人家的救济才勉强活到了现在。

接下来，小秉虔终日上山打柴挑到市上贩卖，手掌结满了硬茧，脚掌磨起了血泡，却也只能勉强维持父子俩的生活。他想长此下来，就是累死了也无法攒够护送父亲回家的路费。于是，他改变了主意，利用跟父亲学到的识别中草药的知识，决定攀登悬崖峭壁采药。以后的每天早晨，悬崖上都能见到小秉虔采药的身影。有一天，他冒死爬上无人敢登的"狼牙峰"，竟然挖到两颗特大的名贵老山参。他把老山参卖给镇上一家药材店，得到不少钱。他捧着这些钱，喜极而泣，因为护送父亲回家有希望了。

小秉虔买了一辆手推车和一些衣服、干粮，把父亲和破旧的行李装在车上，用力推动车子，摇摇晃晃地踏上回家的道路。

一路上，小秉虔尽力照顾好父亲，有点吃的，总让父亲先吃饱，自己才吃剩下的。每逢夜间露宿野外，便用破床单遮盖父亲，自己则蜷缩在小车旁睡觉。有一次，他们在一座山林里迷了路，转了一整天，饿得头昏眼花，好不容易挨到半夜里才碰见一个守林老人。老人看到这对可怜的父子，十分同情，赶忙给他们煮吃的，让住的。天亮时还送他们许多干粮，把他们带出这座山林。父子俩对这位好心的老人千恩万谢。

有一次，父子俩在山里遇到了一匹恶狼，小秉虔急忙背起父亲拼命逃跑，恶狼穷追不舍。眼看无法逃脱，小秉虔赶紧放下父亲，就地捡起一根树枝，大吼一声，挺身上前与恶狼拼命搏斗。可他年小力弱，哪里是恶狼的对手，不消片刻，恶狼就把小秉虔扑倒在地，张开大口向他的咽喉咬去……就在这千钧一发之际,"嗖"地一声,飞来一箭,恶狼应声倒地。小秉虔惊魂未定,抬眼一看,原来是一位猎人在这危急关头射死恶狼,救了他父子的性命。小秉虔马上从地上爬起来,一头扑进猎人的怀里放声大哭。两年来的辛酸苦难随伴着泪水像决堤一样倾泻出来。猎人听完了父子俩的悲惨遭遇,十分同情和敬佩,把随身所带的干粮全数送给他们,然后护送他们走出了山林。

冬去春来,父子俩终于回到了江南。此时已囊空如洗,初春的江南野外又很难找到食物,小秉虔只好沿途从池塘、沟渠里面抓鱼、捉虾、摸螺来充饥。

历时将近3年,受尽千辛万苦,父子俩互相搀扶,终于回到了久别的家乡,颤颤抖抖地来到家门口,小秉虔顿时忘却了浑身的伤痛和劳累,大声哭喊着:"娘,我和父亲回来了!"随后就两眼一黑,一头栽倒在门槛上。

母亲闻声出门一看,一下了被惊呆了。她赶忙唤醒了儿子之后,紧紧抱住这对衣衫褴褛,面容枯槁,没有人样的父子放声大哭。一家人悲喜交加,拥抱着哭成一团。乡亲们闻讯后都纷纷赶来,他们无法理解一个10多岁的少年能翻越千山万水,历尽苦难把残废的父亲从2000里外的东北找到并护送回家。大家不禁对小秉虔惊人的毅力和感人的孝行敬佩不已。

后来,当地官府闻知此事,查实之后,即把小秉虔举为"孝廉",并奖赏他家不少金银和良田。由于乡亲们为小秉虔的孝行深受感动,皆称他为"钱孝子",并为他在慈城南门建造了孝子坊和孝子祠。

钱孝子千里寻父的故事,从那时起便在民间流传至今。

贤母教子

从前，慈城有个品德兼优、知书达理的女子，名叫三娘。她从小十分孝顺父母，敬爱兄嫂，对待亲戚邻居更是仁慈友善，里里外外都十分关爱她，称赞她是个"贤孝女"。

因为三娘的贤德淑慧远近闻名，因此未满15岁，四方慕名而托媒前来求亲的人家几乎把门槛给踏塌了，三娘却一一婉言相拒。直到18岁，她才出人意料地嫁给一个丧偶的秀才，名叫薛广。人们对此百思不解，可是三娘却自有主张。

原来，薛广是个出名的孝子和仁人君子，为人忠厚诚实，乐善好施，既有满腹经纶，又有菩萨心肠。只可惜父母早丧，妻子年纪轻轻又不幸病故，家中遗下一个3岁独子，名叫倚哥。为照顾儿子，薛广便大胆托媒试着向三娘家提亲，焉知三娘全家即满口应纳。原因是，一来敬重薛广的人品；二来怜悯其家境，除此别无他图。

三娘嫁到薛家，里里外外都打理得井井有条，对丈夫关怀备至；待儿子更是疼爱有加，胜如已出。因此夫妻相敬如宾，感情甚笃，一家三口温馨和谐，四邻和睦，其乐无比。

谁料半年之后，薛广上京赴试，不幸半途身染风寒，一病不起，竟然客死他乡。当书童赶回慈城报丧时，犹如晴天霹雳，三娘顿觉天旋地转，悲痛欲绝，哭昏倒地。

三娘被邻居救醒后，书童含泪对她说："家主临终之时，再三拜托主娘一定要管教好倚哥，把他养育成才。"

三娘强忍失夫之痛，咬紧牙关把三间房屋卖掉，把所得的小部分款项周济年迈贫穷的双亲，大部分则留存起来，作为倚哥长大读书的费用，自己却搬到村边搭起了一间茅屋居住，又当爹又当娘，起早摸黑拼命干活，决不改嫁，并发誓把倚哥养育成人。倚哥虽小，却十分懂事，对母亲百依百顺，不管母亲做什么，他都紧跟在她身边学着，帮着。

转眼过了3年，三娘不管学费昂贵，把倚哥送到城里一个师资最好的学馆读书，自己却经常咽糠吃菜度日。小倚哥深知母亲为了他的前程而含辛茹苦，节衣缩食，因而读书十分刻苦用功，各科成绩都在全馆名列前茅，深获先生的赏识。倚哥每次放学回家，三娘再累，也要认真检查儿子的学习成绩。倚哥夜读，三娘始终都要陪伴在儿子身边，加以辅导指点，由此，倚哥学业突飞猛进。

一个周末的午后，倚哥在回家的路上，捡到一个钱袋，高高兴兴地跑回家中，一进门便大声喊着："娘，您看这是什么？今后咱俩再也不用吃那么差，穿那么破了。"三娘闻言接过布袋，打开一看，里面全是许多碎银子和铜钱，马上对着倚哥严肃地说："儿呀，您看这个钱袋这么破旧，肯定失主是位穷人。他把这袋子扎得这么紧，一定非常需要这些钱。自古道：壮士不饮盗泉之水……"

倚哥一听，顿时笑容全消，沉思片刻之后说："娘，我知道该怎么做了。"说完，原封不动地拿起钱袋，一溜烟跑出了家门。

倚哥回到原来拾到钱袋的地方，等待失主前来认领。一直等到太阳落山，才见到一个须发苍白的老人神情十分慌张，低着头一路而来，好像寻找什么。倚哥赶忙上前向老人问明缘由之后，把钱袋还给他。老人即时感动得热泪盈眶，胡子抖动，向倚哥千恩万谢地说："好小哥，这钱是我两天来东挪西借为我老伴急治重病的救命钱啊！"

10多年后，倚哥考中了进士，被朝廷派往地方当税官。上任的第3天，刚好是娘亲的40寿辰，可谓是双喜临门，许多亲友都备办礼物前来庆贺，齐声称赞倚哥。然而，倚哥却只是笑笑而已。三娘则连声感谢诸亲友历来对她母子的关怀和支持，把那些贵重的礼品全数退还亲友后吩咐家人备办些简单的饭菜招待客人。

倚哥以前有个同学，后来弃文随父经商，那天也特地赶来庆贺。主宾经过寒暄之后，倚哥接过同学的礼品——两个特大的面制品寿桃，觉得分量格外沉重，便吩咐家人当众切开请客。同学见状急忙连连摆手，示意不可。但说时迟，那时快，家人已手起刀落，只听"咔嚓"一声，寿桃裂开处，露出许多白花花的银子，在场众人见状都怔住了。倚哥正色对这位同学说："某君，咱俩同窗数年，明人不做暗事，如此大礼，恕我无福不敢接受。"说完，便把两个寿桃退还与他。三娘在旁，看在眼里，乐在心头，暗暗庆喜儿子没有辜负她的苦心教养。

事后，倚哥猜想这位同学如此所为，若非借着同窗关系要来巴结，便是另存动机前来打通关节。于是，便派人对他家进行缜密侦查。结果，果真查出他父亲历来通过官商勾结，偷漏了不少税款。倚哥便依法追缴他家所欠的税款和应受惩罚的滞纳金。如此一来，声威大震，再也没有人敢偷税和前来行贿了。

倚哥一向收税，都在地上放着几个箱子，先对商户的税金认认真真的点清之后，再清清楚楚地记账，最后让这些商户各自主动地把税款放进箱子里。收税完毕，便把箱子当众封好，送往国库。商家们都非常佩服他说："俺经商多年，从未见过像老爷您这样收税的。"倚哥答道："本官自幼深受娘亲教诲，为人做官都必须清清白白，否则，银子不仅会弄脏了手，玷污了心，败坏了人的声名，还会葬送了人的前程。"

倚哥为了方便娘亲用水，特地命人在自家院子里打了一口井，井水终年清澈甘甜。有一年，当地久旱，全村的水井都几乎枯竭，唯独他家这口井清泉依旧涨满。三娘便大开院门，让全村的人都来她家取水。如此一来，取水的村民拥挤不堪，三娘干脆命人把院墙拆除，方便乡亲。倚哥知道之后，大力赞颂娘亲的善举。

倚哥时刻牢记娘亲的教导，官越当越大，一生为百姓做了很多好事，深受世间赞扬，也为慈城争光。当地人为了纪念这对慈母孝子，不仅将他们的故事历代传颂，至今还保留着这口古井，并命名为三娘井。

宁波中秋过十六

中秋节,是我国四大传统节日之一,可以说是普天同庆。然而,浙江宁波欢度中秋节却是在八月十六,此中缘由,出自当地古代一位大清官、大孝子的一段感人故事。

南宋时,明州(今宁波市)鄞县有个名叫史浩的书生,他的外祖父曾随岳飞元帅英勇抗金,南征北战,屡立战功。后来,岳元帅惨遭秦桧等奸臣陷害,沉冤莫白。外祖父因此在满怀悲愤之下,解甲归田,回到明州老家经营酒业。然而,外祖父念念不忘为岳元帅昭雪冤情,光复大宋河山。

史浩从小就经常听外祖母讲述岳飞与外祖父等忠臣良将的英雄事迹,深受教诲,立志刻苦攻书,准备长大后报效祖国。

宋高宗绍兴十五年(1145),史浩中了进士。由于他出色的才华和高尚的品德深受皇帝赏识,因此官职不断升迁,升至枢密使,还被聘授为太子教读,深获太子敬重,成为南宋著名贤臣之一。

隆兴三十二年(1162)六月,宋孝宗登基即位,即提升史浩为右丞相。同时采纳史浩等爱国人士的策略,先为岳飞平反昭雪,追封岳飞所有家眷、部下的官爵;后于次年二月,贬逐秦桧党羽,并任命力主抗金的张俊为枢密使,统率江淮各路兵马,出师抗金。

张俊抗金,开始节节胜利。后因部将邵宏渊与李显忠闹矛盾,导致符离之败。这样,大大地动摇了宋孝宗抗金的信心,不仅削除了张俊的兵权,还重新任用秦桧的党羽汤恩退,并将败绩归咎于史浩等忠臣良将,把史浩降职为江浙巡察。

史浩一到江南，就简装微服，深入各处城乡，明察暗访百姓疾苦。获悉地方上的许多贪官污吏、土豪劣绅，长期以来不顾国计民生，只顾贪赃枉法，横征暴敛，与连年的风灾水患成为人民的两大祸害，导致民怨沸腾。于是，史浩一面大力惩办祸国殃民的官吏豪绅，一面为民请命，上表朝廷请求拨款兴修堤防水利，治患抗灾。亲自率领百姓勘察各地河道、堤防，制订疏通河道、固筑堤防和引水灌溉等兴利除弊的各项规划，而且亲临现场督工，沐雨栉风地带领百姓日夜苦干、大干，一定要抢在'秋老虎'（江浙沿海台风、水患的别称）未来之前，把人民财产受灾的损失降到最低程度。

　　史浩这一系列的善举，深受江南百姓的爱戴，齐声称颂他为'史青天'。顿时，百姓欢欣鼓舞，干劲冲天，江浙一带处处呈现出百废俱兴，欣欣向荣的景象。可是，史浩却因操劳过度而日益消瘦，双眼时时布满血丝。

　　终于有一天，史浩再也支撑不住，昏倒在工地上。这下子把大家都吓坏了，七手八脚忙把史老爷抬到就近的农舍中，请来医术最好的郎中为他诊治。郎中经过把脉之后对大家说："老爷因劳累过度，加上长期的日晒雨淋，得了寒热症。除了对症下药之外，还须静养数天。"

　　3天后，史浩的病情大为好转，但体质还很虚弱疲惫，刚刚起坐，便首先询问各地防灾工程进展如何？当得知一切顺利之后，忽然又若有所思地询问身边侍卫："今天是什么日子？"当他得知已是农历八月十六时，马上起身，吩咐左右带马过来，然后翻身上马，带领两个随从，匆匆赶回百余里外的鄞县老家。任凭大家怎么苦劝，但谁都阻拦不了。

　　原来，史浩还是个出名的大孝子。他历来不管在何处当官，一定要在每年八月十五日这天赶回老家与家人团聚，共庆中秋佳节，接着便于次日为外祖母祝寿。而外祖母也特别疼爱这个孙儿，每年的中秋节，老人家就早早备好晚宴，等待孙儿到来。

　　可是，今年的中秋节，外祖母偕同全家人一等再等，一直等到月上三更还不见史浩的影子。一家人不知何故，急得团团乱转。老夫人更不用说，便忧心忡忡地宣布罢宴。

次日傍晚，史浩终于形容憔悴，风尘仆仆地赶到家中，在家眷兴高采烈的迎接下，双膝跪倒在外祖母面前，诉说为何误了回家过节和为祖母祝寿的缘由，请求外祖母酌情宽恕。外祖母听罢，笑眯眯地扶起史浩，连声称赞说："好孙儿，您尽心竭力为民办好事，不仅是个好官，还不愧是俺史家的好儿孙，错过一次中秋节不要紧。"

这时，外面突然人声嘈杂，院子里一下子涌进来许多人。原来，全村的人都早已知道史浩为民办事而误了回家同老太夫人共庆中秋，因此大家也就一齐在昨天不欢度中秋节。此时闻说史浩回来，个个欢颜悦色端着月饼和果品，一齐来到史府，齐声对着史浩和老夫人说："十六的月亮比十五圆，大家就在今晚一同欢度中秋吧！"

从那时起，宁波人都拿史浩的事迹教育后代。而宁波中秋过十六的习俗也就一直沿袭至今。

第八篇　孝和爱的格言

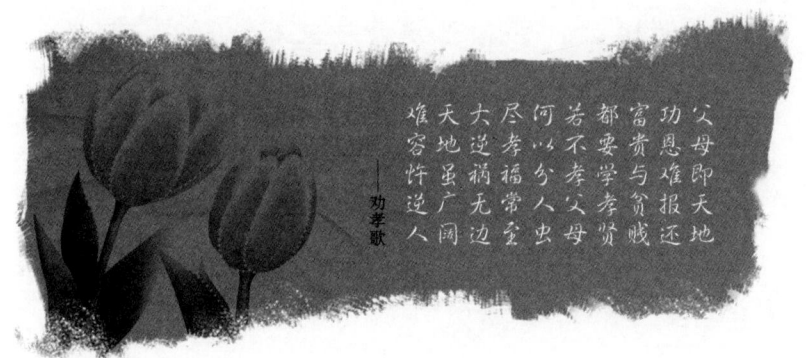

父母即天地
功恩难报还
富贵与贫贱
都要学孝贤
若不孝父母
何以分人虫
尽孝福常重
大逆祸无边
天地虽广阔
难容忤逆人
——劝孝歌

孝亲敬老是人类共同的美好而又高尚的情感。古今中外，人们留下的孝和爱的格言、警句可谓汗牛充栋，这里摘录的，只能算大海一滴，而这一滴却能折射出爱与孝的万丈光辉。

孝和爱的格言

孝有三，大孝尊亲，其次弗辱，其下能养。

——《礼记》

读尽天下书，无非一个孝字。

——曾国藩

父母之年，不可不知也。一则以喜，一则以惧。

——《论语》

惟孝顺父母，可以解忧。

——孟子

孝子之至，莫大乎尊亲。

——孟子

世俗所谓不孝者五，惰其四肢，不顾父母之养，一不孝也；博奕好饮酒，不顾父母之养，二不孝也；好货财，私妻子，不顾父母之养，三不孝也；从耳目之欲，以为父母戮，四不孝也；好勇斗狠，以危父母，五不孝也。

——孟子

天地之性，人为贵。人之行，莫大于孝，孝莫大于严父。

——《孝经·圣至章》

父母者，人之本也。

——司马迁（汉朝）

事亲以敬，美过三牲。

——挚虞（西晋）

父子不信，则家道不睦。

——武则天（唐朝）

谁言寸草心，报得三春晖。

——孟郊（唐朝）

慈孝之心，人皆有之。

——苏辙（宋朝）

长者立，幼勿坐；长者坐，命乃坐。尊长前，声要低；低不闻，却非宜。进必趋，退必迟；问起对，视勿移。

——李毓秀（清朝）

重资财，薄父母，不成人子。

——朱柏庐（清朝）

要孝敬父母。连父母都不肯孝敬的人，还肯为人民服务吗？不孝敬父母，天理难容。

——毛泽东

失去了慈母便像花插在瓶子里，虽然还有色有香，却失去了根。

——老舍

母亲是没有什么东西可以代替的。

——巴金

我知道，在这个世界上，我什么都可以忘记，却永远不能忘记母亲给予我们的一切……世上有一部永远写不完的书，那便是母亲。

——肖复兴

父亲啊，我不会辜负你。我们这一辈人，注定要付出双倍的努力，做出双倍的贡献。因为，在我们的肩上，背负着两代人的希望。

——铁凝

上帝在创作最伟大的东西，不是万物，不是宇宙，而是爱！我十分不合逻辑，甚至执著地认为，上帝在创造一切之前，先创造了爱，而那爱中最崇高的则是——母爱。

——刘墉

母亲啊，你是荷叶，我是红莲，心中的雨点来了，除了你，谁是我无遮拦天空下的荫庇？

——冰心

一切远行者的出发点总是与父母告别……而他们的终点则是衰老……暮年的老者呼喊爸妈是不能不让人动容的，一声呼喊道尽了回归，也道尽了漂泊。

——余秋雨

母亲，永远有一颗包容一切博大的心。作为子女，终其一生，也无法报答慈祥、善良、可敬的母亲。

——张景祥

在我们这个世界里，如果把古今中外母亲思念儿子落下的泪水统统收集起来，恐怕会成为一个新的海洋，一个新的咸海。

——赵鑫珊

现在，就为你的父母尽一份孝心。也许是一座豪宅，也许是一片砖瓦。也许是大洋彼岸的一只鸿雁，也许是作业簿上的一个红五分……但"孝"的天平上，它们等值。只是天下的儿女们，一定要抓紧啊！趁你父母健在的光阴。

——毕淑敏

关于父爱，人们的发言一向是节制而平和的。母亲的伟大使我们忽略了父爱的存在和意义，但是对于诸多人来说，父亲一直以特有的沉静的方式影响着我们，父爱怪就怪在这里。它是羞于表达的，疏于张扬的，却巍峨持重。所以有人说：父爱如山。

——苏童

亲善产生幸福，文明带来和谐。

——雨果（法国）

一个人如果让自己的母亲伤心，无论他的地位多么显赫，无论他多么有名，他都是一个卑劣的人。

——亚米契斯（意大利）

年老受尊敬是出现在人类社会里的第一种特权。

——拉法格（法国）

我们体贴老人，要像对待孩子一样。

——歌德（德国）

在子女面前，父母要善于隐藏他们的一切快乐、烦恼和恐惧。

——培根（英国）

母亲，是唯一能使死神屈服的力量。

——高尔基（前苏联）

世界上的一切光荣和骄傲，都来自母亲。

——高尔基（前苏联）

在孩子的嘴上和心中，母亲就是上帝。

——萨克雷（英国）

在这个世界上，我们永远需要报答最美好的人，这就是母亲。

——奥斯特洛夫斯基（前苏联）

就是在我们母亲的膝上，我们获得了我们的最高尚、最真诚和最远大的理想，但是里面很少有任何金钱。

——马克·吐温（美国）

丑恶的海怪也比不上忘恩的儿女那样可怕。

——莎士比亚（英国）

作为一个人，对父母要尊敬，对子女要慈爱，对穷亲戚要慷慨，对一切人要有礼貌。

——罗素（美国）

对孩子来说，父母的慈善的价值在于它比任何别的情感都更加可靠和值得信赖。

——罗素（美国）

家庭的基础无疑是父母对其新生儿女具有特殊的情感。

——罗素（美国）

还有什么比父母心中蕴藏着的情感更为神圣的呢？父母的心，是最仁慈的法官，是最贴心的朋友，是爱的太阳，它的光焰照耀、温暖、凝聚着我们心灵深处的意向！

——马克思（德国）

智慧之子使父亲欢乐，愚昧之子使母亲蒙羞。

——所罗门（古以色列）

尊重他人的有责任感的孩子，产生于爱和管教适当结合的家庭中。

——詹姆斯·多伯森

亲人不睦家必败。

——林肯（美国）

家是父亲的王国，母亲的世界，儿童的乐园。

——爱默生（美国）

没有无私的、自我牺牲的母爱的帮助，孩子的心灵将是一片荒漠。

——狄更斯（英国）

建立和巩固家庭的力量——是爱情，是父亲和母亲、父亲和孩子、母亲和孩子相互之间的忠诚的、纯真的爱情。

——苏霍姆林斯基（前苏联）

父母的爱应该是这样的：它能激发起孩子对周围的世界，对人所创造的一切关心，激发起他为人民服务的热情。

——苏霍姆林斯基（前苏联）

成为母亲之后，女性美像一朵盛开的鲜花焕发出全部的力量和美。

——苏霍姆林斯基（前苏联）

作为一个父亲，最大的乐趣就在于：在其有生之年，能够根据自己走过的路来启发、教育子女。

——蒙田（法国）

再没有什么能比人的母亲更为伟大。

——惠特曼（美国）

一家人能够相互密切合作，才是世界上唯一的真正幸福。

——居里夫人（法国）

没有和平的家庭，就没有和平的社会。

——池田大作（日本）

互相赠送礼物的家庭习惯有助于增进父母与孩子之间诚挚的友谊。其主要意义并不在于礼物的本身，而在于对亲人的关心，在于希望感谢亲人的关心。

——伊林娜

母子之情是世界上最神圣的情感。

——大仲马（法国）

母亲的爱是永远不会枯竭的。

——冈察尔（乌克兰）

只有健康的、建立在无条件爱的基础上的家长同孩子的相互关系，才能消除一切生活上的危机。

——罗斯·坎贝尔（英国）

我们有谁看到从别人处所受的恩惠有比子女从父母处所受的恩惠更多呢？

——色诺芬（古希腊）

一个高尚的人，如果有一个像他自己一样的儿子，其乐一定不亚于他自己生命的延续。

——斯梯尔（英国）

父母的美德是一笔巨大的财富。

——贺拉斯（古罗马）

世界上什么都可等待，唯有孝顺不能等待。

——比尔·盖兹（美国）

母亲，我祝福您，因为您知道怎样把您的儿子培养成一个真正的人。他将在人生的战斗中获得胜利。

——阿斯杜里亚斯（危地马拉）

谁拒绝父母对自己的训导，谁就首先失去了做人的机会。

——哈吉·阿布巴卡·伊（尼日利亚）

只有爱妈妈，才能爱祖国。

——苏霍姆利斯（前苏联）

我要对所有那些爸爸妈妈都还活着的人们说：趁他们还健在时，去孝敬他们吧！做出对他们的爱吧！一定！这是因为明天或许就晚了。到那时那些没有说出口的话语，爱的话语将如鲠在喉，使您感到沉重和痛苦，无法解脱！

——海托夫（保加利亚）

第九篇 谈孝道

父母即天地
功恩难报还
富贵与贫贱
都要学孝贤
若不孝父母
何以分人虫
尽孝福常至
大逆祸无边
天地虽广阔
难容忤逆人

——劝孝歌

浅析孝道

什么是孝道

孝的基本含义是儿女"善事父母",也就是儿女怀着感恩回报的爱心去侍奉、赡养父母。孝字的上部是个"老"字;下面是个"子"字,意思是指儿女们要背负年老体弱的父母公婆,要顺承、奉养他们。而子女如何对待上辈才叫孝呢?《孝经》中载:子女对父母的孝要具备以下五点:"居则对亲敬,养则使亲乐,病则替亲忧,丧则为亲哀,祭则待亲严。"也就是说子女要周到地照顾父母的日常生活,使父母的心情愉快。父母生病时,子女要任劳任怨服侍、照顾父母,为父母分担精神上的忧愁和身体上的痛苦;父母去世后,子女要虔诚庄严地举行祭祀礼仪,以哀痛的心情来追思父母,感怀父母的养育之恩。子女在以上几个方面做好了,就算基本尽孝了。

孝的第二层含义是:用对父母的孝行来协调家庭关系,增进乡党邻里之间关系的和睦,稳定基层社会的秩序,巩固国家政权。

孝的最高境界是:继承祖先的遗志,发扬祖先的优良传统,忠于祖国,忠于职守,建立功勋,成就事业。修养自己的崇高道德,建立有利于社会的功业。为父母、祖国争光,让他人、社会收益,报效社会,报效祖国。例如古代的民族英雄岳飞、戚继光和现代的陈毅元帅、许世友将军等一样,这就是孝的最高层次。

什么叫"道",道一般是指道理、道德、道义,但在孝方面又包含着厚道与恕道。厚道是以真心诚意、毫不虚伪的感恩的爱心和报恩的行动回报父母和社会。恕道却是包含着爱和谅,爱比较简单,谅却是一种高贵的修养,它要具备海纳百川的胸怀量度来宽恕父母的过错。父母一到晚年,耳目昏花,手脚失灵,智力退化,体弱多病,经常会弄脏衣服、身体、家具或说错了话,做错了事。这时,儿女们便要原谅他们,切不可动辄对之横眉瞪眼,厉声斥责,伤了父母之心。须知这是人生发展的必然规律,谁都得经过这一关。

总之,只有爱,没有谅,纵是天伦骨肉,也要砸锅。因此,不但夫妻朋友要相爱相谅,父母子女更要相爱相谅。

孝道可说是一种再教育,并不是把孝与不孝的责任全部推给下一代,但上一代必须时常检讨自己,如果自己做出危害社会而使儿女蒙羞痛恨之事,你就没有资格指责儿女不孝了。

古代的孝道

孝道,是中华民族传统美德的根本,是传统文化的瑰宝,是先辈遗传下来的精神财富,孝文化源远流长,根深叶茂,几千年来牢牢地扎根在老百姓心中,被定为最高伦理道德。孝道对历代社会的发展起着重大的作用,因而被历代政权作为治理国家的原则,从炎黄开基到清朝末年,除了秦、隋、唐三朝以外,历代王朝在选拔官员方面都实行"举孝廉"的制度,落实地方官员责任制,以郡县为单位,每年向朝廷举荐两位出类拔萃的孝子,再由中央最高权力机构对这些孝子封官赐爵。单讲汉朝,从被举为孝廉而步入仕途当官者,就占全国官员总人数的六成以上。例如汉末的孙权、曹操就是由孝廉做官的。此外,历代法律在惩罚官民的不孝也相当严厉,轻则削职或监禁,重则处死。例如《三国志》的作者陈寿因为没有把母亲安葬到四川被定为不孝,削职为民,终身坎坷。

古代为什么重视孝道

我国历代王朝为什么最重视孝道呢？归结起来有如下三个原因：

一是忠和孝是古代社会最高的两种品德，但许多朝代的帝王都是臣子通过推翻暴政、废除弱主或篡权夺位而登上宝座的，他们自知行为完全违背了传统社会对忠道的要求，所以避讳谈论"忠道，惟恐搬起石头砸自己的脚。于是，只有大力倡行孝道了。

二是所谓国家一体，就是说家庭与祖国是不分的。对历代政权来说，国就是家的整体，家就是国的细胞，这种独特的社会结构，使得家族伦理在政治领域也同样适用。历代皇帝自认为是天下人的父母，地方长官也是老百姓的"父母官"，皇帝与老百姓的关系，官吏与老百姓的关系都演变成为父母与子女关系。因而，对父母的孝也就顺理成章地演变成了对皇帝的忠，以及对官长的尊敬和顺从。这样，治理国家也就落实在以孝道教育百姓上，落实在理顺父子、君臣、长幼、尊卑等各种关系上，其中最重要的就是理顺父子关系。父子关系理顺了，君臣、官民等各种政治关系也随之理顺了。因此，整个社会笃行孝道，不仅关系到家庭、家族的治理，更关系到社会的稳定，国家的兴衰，社稷的安危。只有笃行孝道来治理天下，社会才不会陷于失范状态，才易于统治阶层安邦御民。例如：秦朝、隋朝、元朝三个朝代的统治者蔑视孝道，横施暴政，结果这三个王朝便在短短数十年间就结束了。反而，满清皇太极，洞悉以前历代在重孝与轻孝方面的兴衰利弊，自始至终大力倡行孝道治理天下，所以，坐稳了近三百年的江山。

三是古人认为，"行善于亲有益"，"作恶于亲有忧"，凡是不善的行为，凡是让父母担忧，蒙羞的行为都是不孝的表现。甚至连开口骂人，说脏话都被列入不孝的范围。古人认为：侍亲若不孝，侍君必然不忠，当官必然不清廉，交友必然不诚信，作战必然不勇敢等等。因此，孝道被作为衡量一个人品德的最高标准。孝子也就成了世人相处共事的"定心丸"；

"朝为田舍郎，暮登天子堂"，孝廉也就乘上了从奴隶到将军的直通车。晚清第一名臣曾国藩说过："读尽天下书，无非一孝字"。当代领袖毛泽东说过："一个人如果连自己的父母都不孝敬，还谈什么忠于祖国，为人民服务。"由此可以折射出中国传统文化和传统道德的总体特征。

据不完全统计，中国自春秋时孔子的《论语》开始到清代戴名世的《孝子诗》止，历代帝王与圣贤编纂和注释的《孝经》等弘扬孝道的名著共有400多部。除秦朝以外，这些《孝经》都被历代政权视为珍贵传统文化瑰宝而传播、典藏。据林秀一博士的《日本孝经年谱》考证，推古天皇12年即公元604年的十七条宪法中引用了《孝经》的话，说明在六七世纪的隋唐之前已经传入日本。（周桂钿《日本的名人库——旅日杂记之二》）告诉我们，一位孝子企业家曾经孜孜以求地集了这么多的《孝经》的版本，甚至是"全日本最全的，也可能是全世界最全的。"此类事迹不胜枚举。

从以上事例看出，国籍不同，时代不同，有的孝子可能没有读过《孝经》，但他（她）们都遵循和暗合了孝经的道理，都把自己的孝心、孝行不仅在自己的家庭中实现了，而且都推至社会，为社会造福，把孝之爱延伸为更为广大的、普遍的大爱。

近代的孝道

"谁言寸草心，报得三春晖。"这是中国孝美德的诗化箴言。"百善孝为先"，"感天莫大于孝，感人莫大于善"等谚语流传社会，深入民心。翻开历史，凡是盛行孝道的朝代，整个社会都笼罩着彬彬有礼、脉脉有情的和谐气氛。无疑，孝是千百年来和谐家庭稳固社会的重要根基。

然而，到了近现代，传统孝文化却渐渐地衰退、衰败、衰落了。

先是太平天国运动，对传统孝道进行一次扫荡：

这次运动对传统的孝观念有过一次大胆而猛烈的冲击，竟然出人意料地一度摧毁了孝的观念的存在基础家庭。洪秀全一再宣称："天下多男人，尽是兄弟之辈；天下多女人，尽是姊妹之辈。"按照这样的理念，在江南某些城乡拆散了家庭。他们将所有的人，无论父子、夫妇、兄弟、姐妹，按照男馆、女馆进行另外的排列组合。一时间,太平天国社会一时呈现出"父母、兄弟、妻子",立即解散的局面。父母和子女不仅平时"不容相通",偶尔在街上相遇,也"只许隔街说话,万分伤心,不许流泪。"如此生活,还找得到孝的影子吗?这是近代中国社会乃至几千年的历史中唯一一次破坏家庭结构,进而也猛烈地冲击了传统孝观念的雷厉风行的惊人行动。"曾国藩曾说:"举中国几千年礼义、人伦、诗书、典则,一旦扫地荡尽。此岂独我大清之变,乃开天辟地以来名教之奇变。"(见肖群忠《孝与中国文化》)

其次,后来的"五四"新文化运动,也许可以说是对传统孝道的再一次大扫荡,孝文化被作为封建礼教的一部分受到强烈冲击。关于新文化运动,近代人研究很多,从吴虞、陈独秀、胡适等的评论太多了,大家都较熟悉,这里无须赘述。数十年后掀起的整整十年的"文革",在一片"破四旧"、"立四新"、"造反有理"、"批孔"、"批儒"之中,造反派发动和命令许多青少年上台批斗、踢打他(她)们自己犯着"右倾错误"的父母。城乡许多学校,还规定学生不能称呼自己的父母为爸爸妈妈,一律统称"同志"等等。传统孝文化被当成封建礼教的"毒草"被铲除殆尽。

所幸的是,当时整个中国还依旧处于百分之九十左右的农业社会,变化较小。在农村,农活经验几乎全凭老年人的指导。一个农家,如果没有老头子或老太婆面授机宜,儿女们要想在田里种出漂亮的五谷、果蔬几乎不可能,世代积累下来的农活经验全部储蓄在老年人的脑袋。加上数世同堂"金字塔"式的家庭模式,老年人在家庭还能保留一点受下一辈尊敬的权威。

改革开放30年来,由于市场经济和西方文化传入的影响,传统文化受到更为严峻的考验。由于社会对青少年一代的孝教育严重不足,加上生活水平提高,年轻一代根本体会不到父母的艰辛,有的甚至心灵麻木,对孝文化嗤之以鼻,几乎可说是数典忘祖,导致孝文化已趋边缘化,而且日见严重。社会普遍出现了许多社会关系失调,家庭伦理紊乱的结果。在有些儿女们的心目中，父母不是抚育他们长大成人的恩人，而是他们的摇钱树或者出气筒、忠实的奴才、破旧的包袱等等。因此，当代青少年急需补上孝文化这一课。

此外，随着国家从农业社会转型为工业社会，生产力和生产关系的改变，古老2、4、8的金字塔式家庭结构转变为8、4、2的倒金字塔式；新科技的日益发展和提高等原因，老年人好像乌龟跟白马赛跑，地位在一天天没落，身价也就随着一天天下跌。但身居城市的老年人生活条件还有比较保障，而在农村，许多老年人被儿女当成累赘，到了体弱多病，"油尽灯枯"之时，便变成了多余的人。再加上老人的吃穿用住、疾病治疗都需要不少花费，而儿女们又不富裕者，多数把老年人当成家庭负担。虐待、抛弃老人的事情时有所闻。有关资料表明，目前农村老人在丧失劳动能力和生活自理能力之后，因儿女嫌弃而被迫独居的比例也在上升。

现代人曾经冷淡、冷冻了孝道与《孝经》，然而孝之道永远不会消失殆尽、灭迹无踪，因为孝的根子就扎在每个人心灵的最深处，情感最原始的出发地。尽管有的人心灵已经荒芜，甚至不堪回首，但是一经触动，便会如一道闪电照亮那个地方。

在构建和谐社会、平安社会、富裕社会的今天，人们应该恢复渐渐迷失的本性，要以古今孝子孝妇的孝行为榜样，学会关爱社会，报答亲恩、孝敬父母。

的确，孝道对社会的政治、经济作用有着重大而又积极的意义。只有实施以孝道教育为途径的孝治路线，理顺父母子女的家庭关系，就会顺理成章地理顺了一切政治关系和社会关系。所谓小孝兴家，中孝旺企，大孝治国，就是这个道理。只有笃行以孝道治理天下，社会才不至于陷入失范状态，社会才会健康有序地向前发展。如果人人都做到忠顺不失，孝敬父母，尊上爱下，外和内睦，整个社会就会井然有序，文明和谐，实现天下大同，四海小康的理想也就为期不远了！

跋

◎ 徐光华

　　仔细想来，我与倪烈水兄已有20多年未曾见面了。此刻翻阅其新作《劝孝歌》（现改为《中华劝孝歌》），倪兄之形象、性格便跃然眼前，分别似乎如昨日。在此，倪兄邀我作跋，跋按理应是对其大作进行评价、鉴定、考释的文章，我斗胆反其常规，避文就人，略谈我对烈水兄的印象，这对读者加深理解作者用意及该书意义应是不无好处的。

　　20世纪80年代中期，我供职于揭阳县地方志办公室，烈水兄在家乡负责编写《揭阳县新亨区志》，因业务关系，我与倪兄很快便成好友。倪兄为人古道热肠，大有江湖侠士之风；治学勤谨细致，不遗余力；博闻强记，多才多艺，路人皆知……而最为人所称道的是，倪兄尊贤敬老之事迹。

　　张宗仪先生是20世纪80年代揭阳县博物馆副馆长，才学广博，精通地方史，素有"潮汕通"、"活字典"之称。倪烈水兄乃其第一高足，与之交谊甚深，后张宗仪先生罹患肺病，人多避之，独倪烈水兄一如往常，亲善如故。某日午后，倪兄烈水循例上门拜访，甫一进门，便遇张老先生旧病复发，倒地昏迷不省人事，其家人皆惊惶失措。倪兄当机立断，上前紧按张老先生人中，将其救醒，负到背上，径往医院奔去，张老先生因而获救。此事在揭阳文人界中传为佳话。

　　又有王士龙先生，为岭东十八画家之一，与王兰若、谢海燕等齐名，皆为刘海粟之高足。王老先生20世纪60年代初期被划为右派分子，下放至揭阳第三中学，备受凌辱排挤，生活甚是窘迫，当时倪兄在该中学就读，不避忌讳，毅然拜其为师，对其多加接济。王老先生多次被派去清理厕所污秽，倪兄不忍老师受辱，慨然代之，学校领导斥责倪兄立场不稳，倪兄答道："书中皆说要尊敬老师，我尊敬老师，有何不可？"领导哑口无言。见倪兄顽冥不灵，遂将其送到大会之上批判。

以上二事，可略见倪兄尊贤敬老之德。再有倪兄老母长年患有胃病，倪兄伉俪节衣缩食，补养老母，遍访四方名医，勤为料理，几十年如一日，孝名闻于闾里。后倪兄老母病况加重，医院已告无治，倪兄不忍老母离世，遂翻遍医书，终于从《千家妙方》中得一偏方为之治疗，其母竟得以痊愈，延寿10多年，乡人皆谓此乃倪兄孝心感动上苍所致。

此次倪兄积数年之心血，编撰《劝孝歌》，劝导世人尊贤敬老，履行孝道，可见其一片关爱社会赤诚之心。孝道文化，源远流长，早于春秋时期便盛行于世，经孔孟儒学之发扬，历代帝王之提倡，孝道更是深入人心，孝子孝女之事迹广为流传，家喻户晓，宣扬孝道之书层出不穷，颇有影响的有《孝子传》、《二十四孝》、《百孝图》等。虽然自新文化运动始，因意识形态变化，孝道文化屡受抨击，孝道观念渐被淡化，致社会家庭伦理倾斜之事常有发生，有识之士皆痛心疾首世风日下，人心不古。倪烈水兄编撰《劝孝歌》，倡导尊老、敬老、助老之传统美德，于目前和谐社会、稳定家庭、凝聚民族向心力皆颇有现实意义。该《劝孝歌》，深入浅出，易读易懂，实为一本不可多得的通俗读物。

2008年1月26日

（作者系广东省民间文化遗产抢救工程工作委员会委员、揭阳市民间文艺家协会主席）

后　　记

  我编著的《劝孝歌》（现改名为《中华劝孝歌》）出版后，让我未曾想到的是在社会上引起了那么大的反响，这给了我有生以来一个意外的惊喜。一年来，我共向广东揭阳市委、深圳边检站、深圳多家社团及企事业单位、宝安区冠华育才学校等上百家单位与个人赠送《劝孝歌》上万册，社会各届人士都争相传阅。同时，还引起了众多媒体的广泛关注，揭阳电视台、《揭阳日报》、《汕头日报》、《宝安日报》、宝安电视台、《深圳特区报》、《深圳晶报》、《南方都市报》、《人民日报》、中国青年网、腾讯网、广西卫视等上百家媒体都相继给予了报道，特别是深圳潮人海外经济促进会特地为《劝孝歌》一书举办了大型发行仪式。

  此书自出版与赠书一年多来，广东、湖北、四川、安徽、山东、北京等省市以及泰国、新加坡等国的读者，纷纷来电、来信，有的甚至登门求购此书，令我既欣喜，又应接不暇，这足以说明，当今社会人们对慈孝书籍的强烈需求，同时也是一种社会现象——当代青少年对孝文化的教育已迫在眉睫。

  为满足广大读者需要，为把此书编辑得更好，更便于传诵，我又对该书进行了增删与修订，并把书名《劝孝歌》改为《中华劝孝歌》，使其把中国独有的孝文化标识得更加突出、更加鲜明。本书再版，主要增加了三部分内容："动物孝行"、"慈城孝贤"、"谈孝道"，使该书更加充实与丰富多彩。

  书中描绘的人物和故事，有的是我本人创作和搜集整理的；有的取自史书；有的来源于传说；有的来自于阅读各种书刊所获得的信息，读者若能从中获得一点心灵共鸣或启迪，我就心满意足了。

在本书编写过程中得到了社会各届知名人士、各级政府领导与朋友们：例如，杨遵仪、饶宗颐、卢瑞华、林若、朱良、蔡延松、王宋大、张伟超、黄赞发、张善德、龙瑞、林晋文、刘先锋、林兴胜、庄根南、黄国祥、李友烈、陈永看、赵利生、谢学源、罗仪德、陈燕发、郑烈光、黄惠生、陈汉庭、谢国材、于常印、杨经纬等人的大力支持与鼓励，中国财政经济出版社张冬梅博士对本书出版也给予了大力支持，使本书如期出版，在此，我深为感谢！由于时间仓促与自己水平有限，一定会有许多错误与不足，敬请读者多多批评与赐教！

倪烈水

2009年12月10日